U0415053

《绿色经济与绿色发展经典系列丛书》编委会

组编单位：西南林业大学绿色发展研究院

编　　委：罗明灿　陈国兰　蓝增全

绿 色 经 济 与 绿 色 发 展 经 典 系 列 丛 书

澜沧江孕育茶文明

蓝增全　沈晓进　主　编

邓志华　石　明　李法营　副主编

中国林业出版社

图书在版编目(CIP)数据

澜沧江孕育茶文明 / 西南林业大学绿色发展研究院组编；蓝增全，沈晓进主编. — 北京：中国林业出版社，2021.5(2024.4 重印)
(绿色经济与绿色发展经典系列丛书)
ISBN 978-7-5219-1129-9

Ⅰ. ①澜… Ⅱ. ①西… ②蓝… ③沈… Ⅲ. ①茶业-产业发展-研究-云南 Ⅳ. ①F326.12

中国版本图书馆 CIP 数据核字(2021)第 070746 号

策划、责任编辑：樊 菲

出版发行 中国林业出版社(100009，北京市西城区刘海胡同 7 号，电话 83143610)
电子邮箱 cfphzbs@163.com
网 址 www.forestry.gov.cn/lycb.html
印 刷 北京博海升彩色印刷有限公司
版 次 2021 年 5 月第 1 版
印 次 2024 年 4 月第 3 次
开 本 787mm×1092mm 1/16
印 张 9.25
字 数 200 千字
定 价 88.00 元

本书编委会

主　编：蓝增全　沈晓进

副主编：邓志华　石　明　李法营

编　委：陶燕蓝　代泽亚　冷　瑾　杨　薇
黄奥丹　段学良　陈国兰　贾呈鑫卓
周锦艳　浦　滇　江　燕　张正雪

P R E F A C E

序

澜沧江发源于青海，流经西藏昌都、云南境内，从西双版纳出境到湄公河。沿江而下，20多个兄弟民族世代与茶树、茶相生相伴，形成了各民族自己的初始的茶文化现象聚集。

从古茶树的分布看，云南最丰富，在云南境内更集中地分布在三个区域：一是澜沧江流域，二是哀牢山脉，三是高黎贡山脉。沿澜沧江流域，云南境内的各州市均发现了古茶树。古茶树在澜沧江沿岸的多样性分布，以及沿岸各兄弟民族茶文化的多样性，无论从自然科学还是社会科学的角度，都佐证了中国的西南地区是世界茶树原产地，澜沧江流域是孕育茶文明的源头之一。

关于澜沧江流域古茶树、古茶树生态系统及民族茶文化，所有大的、相关的、局部的、单独的命题都被我们的老师、同行、各类茶文化学者乃至学生们写过。自然科学视角研究茶树起源，社会科学视角研究民族茶文化的形成与传播。我们这本书的编写只有在更大的题目框架下，立意上稍有不同或另辟新径，取我们相对强的素材和图片，取我们在云南从茶40多年的经历和心路历程（较我们的师长来说，这些也不算什么），那就只有古茶树和古茶生态系统了！本书成书的视角是林业的，大生态的。原说生态是纯自然科学的，现在已经跨学科到了人文社科领域。茶树的发生、发展、演变是自然学科的规律，民族的发生、发展、演变其实就是社会、人类的发生、发展、演变。以小见大，人茶和谐，茶的文明的发生、发展、演变也就类同澜沧江流域内各兄弟民族的发生、发展、演变，也联系上了人类社会的发生、发展、演变。

本书从自然科学和社会科学两个角度阐释澜沧江流域特别是云南境内的茶自然物种的历史发源和现代实证，阐释流域内各民族茶耕文化的历史进程以及所造就的初始茶文化现象的聚集和发展历程。澜沧江流域孕育中华茶生态文明的命题是本书的学术价值所在。本书将极大地丰富中国西南地区作为世界茶树原产地的文化内涵。

中华茶文化是中华民族文化的重要组成部分。若将中华茶文化比喻成大江大河，源远流长，澜沧江流域就是它的源头。若将中华茶文化比喻成一棵大树，枝繁叶茂，华盖参天，澜沧江流域也是这棵大树根植的土壤。流域内多民族茶文化聚集就是它发达的根系统，我们更愿把它比喻成大树，一棵与人类文明相伴成长的大茶树。

通过对澜沧江流域内20多个民族与茶树的过去、现在聚集现象的研究，我们得知古老的茶树和古老民族和谐共处至今的原因，就是古茶树的生态良好，也特别适宜人类与茶共进。养护好、修复好、构建好茶树生态、古茶树生态系统，是打好中华茶文化的基础，也是构建中华民族生态文明时代的必然。

本书写作的定位视角：从现在的表相尽量往上追溯到最古时，分析、推及茶树、茶、茶文化的萌发、起点、发展。

本书上篇主要介绍澜沧江流域天然宜茶树生长条件、茶树自然起源。第一章介绍澜沧江及流域内的水资源、森林资源，特别突出了宜茶树生长、古茶树生态形成的气象条件，宜文旅、茶旅特色旅游资源等项自然学科内容。第二章介绍了茶树的自然起源。第三章介绍了古茶树生长位置及生物学特征、古茶树生态资源分布。

中篇转入人文社科视角。第四章从茶树与人类结缘起，归集、介绍了茶、茶生态、茶文化的诞生发展。第五章进一步说明茶、茶生态文明、民族茶事茶俗的产生、聚集、发展是发源于澜沧江流域的，茶马古道的形成实现了茶的物质与文化向内地与世界的传播。第六章从4个阶段的归集比较，说明茶与澜沧江沿岸各民族先人携手共发展进步的过程，就是民族茶文化的产生发展过程。

下篇介绍澜沧江流域内现代茶产业、茶文化。第七章通过对现代茶产业、茶文化两个方面介绍澜沧江流域现代茶业发展进程，介绍流域内各民族与茶携手共进的成就。

CONTENTS

目 录

中 篇

下 篇

上　篇

澜沧江–湄公河是世界十大河流之一，是东南亚最大的国际河流，被誉为“亚洲水塔”。一江流经六国，分别是中国、缅甸、老挝、泰国、柬埔寨、越南。它与孕育华夏文明的黄河、长江，同起源于青海，在中国境内称为澜沧江，出境后称为湄公河。如果说黄河和长江孕育了华夏中原农耕文明，那么澜沧江则孕育了茶文明。

毋庸置疑，中国的西南地区是世界茶树原产地。澜沧江流域云南各州、市均发现了古茶树、古茶树群落，它们分布在澜沧江沿岸，呈多样性、相对集中等特点。

1 澜沧江及澜沧江流域

据遥感专家刘少创探测，澜沧江源头在青海省玉树藏族自治州杂多县吉富山，海拔 5 200 m，地理坐标为东经 94°40′52″、北纬 33°45′48″。从这里算起，澜沧江–湄公河的长度是 4 909 km。它在云南省境内经迪庆藏族自治州、怒江傈僳族自治州、大理白族自治州、保山市、临沧市、普洱市、西双版纳傣族自治州 7 个地级市和自治州，由勐腊县出境，境外称湄公河，并成为老挝和缅甸的界河。

1.1 澜沧江及澜沧江流域概况

1.1.1 澜沧江

澜沧江发源于青海境内唐古拉山的格尔吉河和鄂穆楚河，两河流入西藏昌都汇合后，被称为澜沧江–湄公河。澜沧江是中国最长的南北向河流，它一路向南流至云南省南腊河口出境，在越南胡志明市以南进入太平洋。澜沧江–湄公河流经中国、缅甸、老挝、泰国、柬埔寨、越南 6 个国家。其中，在中国境内的澜沧江段长约 2 161 km，31 km 为中国与缅甸的界河，在老挝境内长 777 km，有 234 km 为老挝和缅甸的界河，有约 970 km 是老挝和泰国之间的界河。澜沧江–湄公河在柬埔寨境内长 500 km，在越南境内长 230 km。

1.1.2 澜沧江流域

澜沧江流域地处东经 94°~102°，北纬 21°~34°。澜沧江流域面积达 16.74 万 km^2。流域范围内地势北高南低。流域内地势起伏剧烈，地形复杂。澜沧江上游，北与长江上游通天河相邻；西与怒江的分水岭为他念他翁山和怒山，其间，梅里雪山海拔高达 6 740 m；东与金沙江和红河的分水岭为宁静山、云岭及无量山，流域平均高程漫湾以上为 4 000 m。澜沧江上游从杂多到昌都，高山与宽谷相间，河谷宽广，年径流深为 200 mm 左右。从昌都到功果桥为中游峡谷区，河床坡降大，谷形狭窄，年径流深为400~700 mm。功果桥以下为下游，下游分水岭高度显著降低，一般在2 500 m以下，地势趋平缓，两岸山势降低，河道呈束放状，窄谷与宽谷相间出现，年径流深为200~400 mm，是河川径流量的主要来源。澜沧江进入西双版纳，地势更为低平，河道流经峡谷和平坝，形成串珠状河谷。

1.2 澜沧江流域丰富的水资源

1.2.1 自然形成

澜沧江的水资源以大气降水补给为主，以地下水和高山冰雪融水补给为辅。澜沧江上游段高山冰雪融水占有一定的比重，地下水补给一般也占年径流量的50%左右。自中游段开始，雨水补给占比逐渐增大，地下水和冰雪融水补给占比相对减少。至下游段，雨水补给已占年径流量的60%以上。澜沧江上、中游冬季的年径流量一般不到全年径流量的10%，春季在10%以上，夏季可占50%左右，秋季径流量仍可占全年的30%左右。最大流量一般出现在每年的7月或8月，最小流量多发生在1月或2月。下游段每年7—10月都有可能出现最大流量，其中以8月为最多；最小流量以5月最多。

卡瓦格博峰的终年积雪和61条大小河流，成为澜沧江水源的重要组成部分，也成为澜沧江在德钦境内生态系统变迁的见证。

1.2.2 气候影响

澜沧江流域由北向南纵跨纬度13°，地势高亢，山峦重叠、起伏，导致流域内气候差异很大，气温及降水量一般由北向南递增，海拔越高，气温越低，降水量越少。澜沧江流域跨越几个气候带，源头地区（青海南部）属高寒气候，地势高、气温低、降水量少，年平均气温为-3~3 ℃，最热月平均气温为6~12 ℃，年降水量为400~800 mm。全流域属西南季风气候，干、湿两季分明，一般5—10月为湿季，11月—次年4月为干季，约85%以上的降水集中在湿季，而又以6—8月为最集中，3个月的降水量占全年降水量的60%以上。暴雨多发生在7、8两月。上游暴雨较少，中游暴雨强度较大，为流域的主要暴雨区。

1.2.3 开发利用

澜沧江上中游河道穿行在横断山脉间，河流深切，形成两岸高山对峙，坡陡险峻的V形峡谷。下游沿河多河谷平坝，著名的景洪坝、橄榄坝各长8 km，河道中险滩急流较多。

澜沧江的河床落差达4 600 m，平均比降为2.2%，其干流蕴蓄的水能资源约为2 700万 kW，极具开发潜力。我国已先后在澜沧江修建了漫湾、大朝山、小湾3座大型水电站，总装机容量共达705万 kW。按照发展规划，我国将陆续在澜沧江上修建6座大型水电站，总装机容量达1 555万 kW。

漫湾水电站径流资源丰富，多年平均径流量为740亿m^3。水力资源理论蕴藏量为3 656万kW，可能开发量约为2 348万kW，干流为2 088万kW，约占全流域的89%。河道中因险滩急流较多，只有威远江口至橄榄坝段可行木船和机动船。

1.3 澜沧江流域的生物多样性分布

1.3.1 森林生态系统

澜沧江-湄公河流域具有极其丰富和特殊的生物多样性资源。云南省在流域内已建各级森林生态系统、湿地环境系统和野生生物生态系统等不同类型的自然保护区19处，面积达85.54 hm^2，占云南境内集水面积（886.55万hm^2）的9.6%。这些保护区表征了流域内生物多样性的特点，研究表明：保护区分布有8个植被型、14个植被亚型、25个群系和36个群丛；野生种子植物1 051种，隶属于428属、136个科，其中裸子植物2科、3属、4种，被子植物134科、425属、1 046种。在这些野生植物资源中，有珍稀濒危保护植物23种，包括国家级保护植物12种和省级保护植物11种；有蕨类植物35科、80属、191种。

1.3.2 动物资源丰富

澜沧江自然保护区是中国自然保护区生态系统和物种多样性最丰富的区域，是世界25个生物多样性热点地区①之一。流域内动物资源丰富，有哺乳动物111种、鸟类396种、两栖类41种、爬行类51种、鱼类80种。需重点保护野生动物约占全国总数的59.4%，其中15%的种类为仅见于云南，如马来熊、亚洲象、熊狸、间蜂猴、豚尾猴等。澜沧江流域水系孕育了世界上最丰富的淡水鱼类生态系统，仅次于亚马孙河流域。2000年，世界野生动物基金会把澜沧江-湄公河流域确定为世界上最重要的淡水鱼类生态区域之一。鱼类资源中包括已经高度濒危的鲶鱼、伊洛瓦底江豚，以及其他极具商业价值的常见鱼类，如倒刺鱼、淡水鲨、黄貂鱼、面瓜鱼、红尾巴鱼等。澜沧江-湄公河流域淡水鱼类年捕获量高达180万t，价值14亿美元，为世界上最大的内河淡水渔业。

1.4 澜沧江流域和谐的生态环境

1.4.1 生态与生命共同体

澜沧江与湄公河，一水二名。澜沧江，自中国青海省玉树藏族自治州发源，流经西藏、云南两省区，出境后被称作湄公河，依次流经缅甸、老挝、泰国、柬埔寨，从越南注入南海。它滋养着沿岸30多种民族，数不清的动植物。当今，

① 生物多样性热点地区是一些具有显著生物多样性的地区，但同时正受到来自人类的严重威胁。这一概念是在1988年由诺曼·迈尔斯提出的。

生态文明建设提出“山水林田湖草”是生命共同体。藏族原始的神话歌谣这样唱道：“天地混合在一起，请问谁把天地分？阴阳混合在一起，请问谁把阴阳分？分开天地是大鹏，分开阴阳是太阳；砍下牛头放高处，所以山峰高耸耸；割下牛尾放山阴，所以森林绿郁郁；剥下牛皮躺平处，所以大地平坦坦……”藏族同胞用自己的山歌把山、林、地、水连接起来，形成一种生命共同体。鸟飞鱼跃、水澄天碧、山川秀美的澜沧江流域生态环境，便是数千年传承下来的各民族人民所信仰的人与自然和谐相处的真实写照。

1.4.2 开发与生态变迁

澜沧江在德钦境内，除德钦至西藏交界的外转经线路的多格拉垭口保持原生态外，其余都有明显的变化。二十世纪七八十年代大面积的垦荒，使澜沧江沿线的植被被大量破坏，明永冰川 70 多年前的延伸位置已经退缩了近 14 km，升平镇、梅里石、九农顶等村庄的水土流失破坏了人类赖以生存的资源空间。怒江与澜沧江之间的卡瓦格博，是 3 000 万年前伟大的喜马拉雅山造山运动留下来的地质奇迹，它见证了澜沧江在德钦境内生态系统的变迁。在长期生息繁衍中，藏族同胞同各种生物和谐相处，已经在长期的生产、生活过程中形成了一系列不成文的规矩：忌乱砍滥伐树木，禁止狩猎狮、虎、象、野马、孔雀等动物，忌捕杀鸟类，忌破坏山川，忌污染水源，等等。禁止杀生理论被藏族同胞广泛接受。藏族千百年来形成的传统文化和传统观念对藏区自然环境保护起到了积极作用。

澜湄六国因水结缘，澜湄合作因水而兴。2016 年，澜沧江-湄公河合作首次领导人会议促成了澜湄合作机制，也催生了“六国依托水资源合作、共建次区域命运共同体”的澜湄文化。澜沧江生态环境的改善，不仅造福了澜沧江两岸的多民族人民，也让下游的湄公河流域各国各族人民受益。

在三江源国家公园澜沧江园区内，澜沧江上源——扎曲河在山谷间奔涌流淌，整个园区依山傍水，蓝天白云相映，宛若一片仙境。当地牧民感叹：“现在草山更美、流水更清澈了，野生动物也越来越多，经常能看到雪豹、金钱豹、棕熊等，还有很多以前从没见过的动植物。”

澜沧江与金沙江、怒江勾勒出世界自然遗产“三江并流”，奔腾千里尽管已到河流中下游地区，生态保护却一刻也不敢松懈。建立在“三江并流”中心地带上的普达措国家公园，取消马队的同时禁止放牧，极大地减少了对脆弱的高原湿地生态系统的破坏。云南香格里拉普达措国家公园也正走在“绿色小康”的道路上，真正实现绿水青山就是金山银山的梦想。

1.4.3 茶与生命共同体

当今但凡名山、名寺、名景、名园中都有茶树、茶的参与，它们之所以闻名于世，全是因为当地生态环境极好，适宜人居，也适宜各种古树、名木、奇花、异草生长；它们之所以衰亡，也是因为这些名景生态环境条件的消亡。茶始终是生命共同体中最好的一剂润滑剂。澜沧江流域是云南开发的重点区域之一。研究澜沧江流域内的各传统民族及古茶树群落，对保护流域生态环境、有效利用资源以及促进人居环境、生态文明建设有重要意义。

1.5 澜沧江流域宜茶天然禀赋

澜沧江中下游两岸峰谷连绵，重峦叠嶂，云蒸霞蔚，气象万千。这里植被保护完整，生态环境平衡，森林茂密，雨量充沛，土壤肥沃，是云南独有的历史与自然的恩赐。最著名的普洱茶古茶树、古茶树群落、古茶园、现代茶园大多分布在此处。茶树与森林中的万物和谐相处，协同演化，延续至今。

1.5.1 宜茶树生长的气候条件

澜沧江流域跨越几个气候带，特别适宜茶树生长的区域如同流域内各民族居住分布特点，都是大分散、小聚集。所有茶树对生长环境的要求都大同小异，即合适的温度、光照和充足的雨水。澜沧江流域为茶树生长提供了最合适的生态环境，也是茶树优异品种的天然摇篮。茶树栽培还受到土壤、植被、地形、地貌、海拔、坡向、坡度、局地小气候的不同等因素的影响。茶树生长的最适气温一般在 20~30 ℃，多数品种能在 20~25 ℃条件下生存，超过 35℃茶树新梢就会生长缓慢或停止；最低温度为-16~-6 ℃，对最低温度的要求还因品种而异，大叶种一般为-6 ℃，中小叶种一般为-16~-12 ℃(北部茶区种植的均为中小叶种)；茶树生长的最高临界温度一般为 45 ℃，当气温持续超过 45 ℃时，茶树生育便受到抑制，甚至死亡。茶籽萌发的最佳温度是 25~28 ℃。活动积温 4 000~7 000 ℃左右均适宜茶树生长，以 6 000℃左右为最适宜。土温在 10~25 ℃时适宜茶树根系生长；最适宜土温为 25~30 ℃；在低于 10 ℃的土壤中，茶树的根系生长较缓慢。在低温干燥多风的天气条件下，茶树最易受冻。一般来说，在拥有一定海拔的山区，雨量充沛，云雾多，空气湿度大，漫射光较强，日夜温差大，都有利于茶树的生长发育和茶叶中有机物的合成和富集。

1.5.2 宜茶树生长的水土资源条件

茶树最适宜生长的年降雨量约为 1 500 mm。茶树要求土壤相对持水量一般为 60%~90%。空气相对湿度为 70%~90%，低于 50%对茶树生长发育不利。土壤中也不能长期积水，土壤水分过多、通气不良会致使茶树根系发育受阻。茶树在弱酸性土壤中(pH 为 4.0~6.5)可以正常生长，pH 在 4.5~5.5 最适合。土壤质地一般以砂质红壤土为好，红壤以及黄壤本身具有质地疏松的特点。茶树的根系较发达，通常主根长达 1 m 以上。想要让茶树根系能较好生长，土层厚度至少需在 100 cm 以上，熟化层和半熟化层应有 50 cm，底土要有风化松软、疏松多孔的母岩。

1.6 澜沧江流域文旅茶旅资源

澜沧江是东南亚第一长河，自青藏高原奔腾而下，在云南临沧与忙麓山相遇，奔腾不息的江水，瑰丽的自然风光，茂密的森林，肥沃的赤红壤，古老的茶山，古老的多民族，让此处成为最适茶树生长繁育的区域。各民族儿女在此繁衍生息，与茶树相携相伴，从远古走向未来。

1.6.1 源头的三江源国家公园

三江源国家公园建在青藏高原腹地，是长江、黄河、澜沧江三江源头汇水区。这里拥有世界高海拔地区独有的大面积湿地生态系统及丰富的高寒生物种质资源。三江源素有“中华水塔”“亚洲水塔”之称，是我国乃至亚洲重要的生态安全屏障。国家公园的设立核心就是保护和修复生态环境，传承生态文化，建设生态文明的安全屏障。三江源是中华民族的宝贵财富，是美丽中国的重要象征。

三江，源远流长，奔腾不息。长江、黄河孕育了中原华夏原始农耕文明，澜沧江共同孕育了茶文明。澜沧江流域孕育催生的民族茶文化是中华民族茶文化的重要基石，人与自然和谐共生正是中华民族茶文化的精髓所在。三江源开启的是中华民族生态文明的源头，象征着人类对大自然惠赠的感悟、感恩，昭示着人类与大自然相携共进，共创天人合一、生态文明新时代的远征起程。

1.6.2 上游的“三江并流”景观覆盖三地

世界自然遗产“三江并流”自然景观由怒江、澜沧江、金沙江及其流域内的山脉组成，涵盖范围达170万 hm^2，跨越丽江、迪庆、怒江的9个自然保护区和10个风景名胜区。金沙江、澜沧江和怒江在云南省境内自北向南并行奔流约170 km，穿越于担当力卡山、高黎贡山、怒山和云岭等崇山峻岭之间，形成了世界上罕见的“江水并流而不交汇”的奇特自然地理景观。“三江并流”与其他5个国家级重点风景区——路南石林、大理古城、西双版纳、昆明滇池、玉龙雪山齐名。

1.6.3 文旅茶旅在大理

明代，大理就已有茶叶生产。徐霞客在游记中就记载了住在大理感通寺喝感通茶的事。大理又是自古以来边销茶的加工、中转基地，下关茶厂是现代化茶叶加工厂，生产的下关沱茶、紧茶等普洱茶最好。南涧有小古德大茶树，有凤凰沱茶；云龙有名优绿茶大栗树茶、罗伯克绿茶。来感通寺徐霞客坐过的地方喝感通茶，参观下关茶厂、大理石厂、剑川木雕厂，游览苍山十八溪十九峰，赏洱海月，品白族三道茶，是大理文旅茶旅的主要内容。走不完、赏不尽的古道、古镇、古建筑中，蕴藏着现代的风、花、雪、月、民族茶文化。

1.6.4 古生态研究在丽江

丽江位于云南西北，是云贵高原和青藏高原的连接部位，特殊的位置使其成为“茶马古道”的重要通道，是云南茶通往西蕃的外运起点。西马拉雅运动所留下的宏大生态景观，世界自然遗产“三江并流”到此为终点。北部有高达 5 596 m 的玉龙雪山主峰，东南最低的华坪县石龙坝乡塘坝河口，海拔 1 015 m，最大高差达 4 581 m，造就了丰富的自然资源和纳西族民族文化，成为古生态研究的基地。

1.6.5 茶耕探源往普洱

澜沧江西岸的澜沧拉祜族自治县上允盆地边缘的富东乡邦崴村生长的邦崴古茶树，树高 11. 8 m，基径 1. 12 m，胸径 80 cm，树幅 8. 2 m×9. 0 m；树冠下为塔形，上为椭圆形；花果种子野生状，茎干枝叶栽培态；用其制成的红茶、绿茶、普洱茶品质优异。1993 年，首届中国普洱茶国际学术研讨会暨中国古茶树遗产保护研讨会与首届中国普洱茶叶节在思茅举行，会上组织与会者作实地考察、调研，笔者也是参会专家之一。当时，大家在大茶树前立碑，镌刻“保护古茶树，弘扬茶文化”十个大字。如今，邦崴古茶树生长势头良好，只是原鉴定时有五大分枝，20 多年间枯死了一大枝。

景迈山古茶林位于普洱市澜沧拉祜族自治县惠民乡，东邻中国西双版纳勐海县，西邻缅甸，古茶林以百年茶树为主，整个古茶园占地面积 2. 8 万亩，实有茶树采摘面积 1. 2 万亩，堪称“古茶树天然博物馆”。

这两处当今都交通便捷，通信顺畅，利于达到茶旅、文旅结合的目的。游客们在此看见的，一定是在别处见不到的、独一无二的生物群落生态。

1.6.6 “热点地区”在西双版纳

澜沧江在西双版纳的流程为 158 km。古时傣族称澜沧江为“南兰章”，意为“百万大象繁衍的河流”。当地俗话说道：“到云南不到西双版纳，不算到过云南；到西双版纳不乘船游览澜沧江，不算到过西双版纳；乘船游澜沧江不上岸观赏橄榄坝风光，就看不到美景王冠上的明珠。”允景洪至橄榄坝有一段自然热带风光和傣族村寨，是西双版纳美景最完美的缩影。游览澜沧江可分上下两段：上段游览线从景洪出发，逆水而上至虎跳石，到了虎跳石，江面已渐渐收缩，最窄处仅 20 m 左右。两岸是参差不齐的大岩石，江水汹涌澎湃，两岸奇峰嶙峋。绿水青山，交相辉映，组成了一幅天然的画卷。下段则可以顺江而下，游览沿江澜湄风光。由于流经区域具有独特的气候特点和地理条件，澜湄共一江水，共最丰富的热带植物、热带雨林风光，还共有一样的大茶树。

西双版纳是生物多样性热点地区。在此举两例诠释我们对“热点”的理解：一是大象频频出现在公路上、农田中、村落中，毁作物还伤人；另一是 60 多年间，人们在西双版纳南糯山发现了地径达 1. 38 m 的古老栽培型茶树，在巴达发现了树高达 32 m 的野生型大茶树。

2 茶树的自然起源

对于世界而言，茶(tea)与陶瓷(china)一直是中国的代名词，茶树原产于中国自古并无悬念。直到19世纪20年代，一个叫勃鲁氏的英国人在东印度和缅甸交界处的阿萨姆省沙地耶山区发现了一棵大茶树，那棵树直径30 cm，树高13 m，他据此推断世界茶树原产地在印度的阿萨姆。由此引发了百年茶树原产地的纷争。

2.1 茶树自然起源的地方

2.1.1 原产地说

经千万年自然地质运动、自然种质繁衍，茶树漂移传播到现代观察到的多个区域范围，呈现为现在这种茶树的形态。但从物种进化的角度来看，新近纪到早更新世期间，中国西南地区受青藏高原不断隆升作用的影响，形成了现今独特的地形地貌，除地貌抬升外基本无大的地质变动，猜测对茶树的生长分布不会有太大的影响。茶树蒴果直径在3~8 cm，对其繁殖途径存在一定的地域限制。在漫长的时空流转过程中，由于蒴果个体偏大，茶树靠自然力的传播范围不会太大，只有当人有意识地传播，才会达到广阔的范围。

按植学家张宏达的分类体系，世界上已发现的山茶科植物有23属380种，在中国有15属260多种，集中分布于西南地区。截至1985年，全世界已发现茶组植物37个种和3个变种，共40种，而在中国就有38种，只有2种分布于中越、中缅边界的越缅一侧。38种中，在云南就有33种；33种中，云南特有种就有24种和1个变种。在这些种之中，普洱茶、大理茶、滇缅茶为优势种，如此庞大的种群高度集中存在于三江中下游，证明茶树发生的原始区是“古三江平原”。目前，世界茶树原产于中国西南地区，这一观点已被世界公认。

2.1.2 原产地在中国的西南

世界上90%以上的茶树分布在云南，这种集中分布的盛况是世界其他地区都无法比拟的。在人工栽培利用之前，茶树几乎都是野生的，栽培茶树是在一定自然件下由野生茶树驯化而来的。因此，野生茶树的分布范围，对早期茶叶利用的研究有重要的意义。

王平盛、虞富莲对野生大茶树的地理分布情况进行了研究，并将茶区分成四大区域，分别是：

①横断山脉分布区，位于北纬22°~26°、东经98°~101°，即云南西南部及西部，地处青藏高原东延部的横断山脉中段，怒江、澜沧江流域；

②滇桂黔分布区，位于北纬23°~26°、东经102°~107°，地跨云南、广西、贵州三省(自治区)；

③滇川黔分布区，位于北纬27°~29°、东经104°~107°，是云南、四川、贵州三省接合部；

④南岭分布区，为沿北纬25°线的长条形分布带。

根据《中国茶树品种志》(中国茶树品种志编写委员会，2001)(《中国茶经》(陈宗懋，2011)中对野生大茶树分布地的统计结果，野生大茶树主要呈条带状分布在我国云南、贵州、广西、海南等地，涉及75个县。所在地均属热带、亚热带地，气候温暖湿润。主要分布在高原、山地、丘陵等可形成局地特殊小气候的地貌特征地，所在之处雾气充沛，非常适合茶树的生长繁殖。当然，野生大茶树呈条带状或块状的地理分布特征也成为我国西南地区是茶树起源地的佐证。其实人们对茶的开发与利用现况，往往是人们对茶叶在长期利用过程中不断筛选的结果。比如，有些野生大茶树所产茶叶的滋味和香气并不适合食用和饮用，因此至今未被利用的野生大茶树不在少数。可以说现存野生大茶树的分布范围情况能在一定程度上反映茶叶利用和茶树人工栽培的最初范围。90%以上的古茶树分布在澜沧江流域，具有显著的区域性；特别富集于澜沧江流域，集中在流域的大理至西双版纳区间。

2.2 茶树在植物进化中的地位

第三纪的地壳运动，不仅使茶树形成了地域上的隔离分居，而且强化了复杂儿茶素的代谢途径。当然代谢途径的变化首先来自基因的变异，由于茶树自交不亲和，这些获得的变异可经两条途径继续演化：即或被大的基因库所排斥，或被强化。而强大的自然选择力确立了后者。与此同时，根据Hard-Berg的基因平衡理论的例外原则，自然界仍然可以在一定条件下存在数量微小的较原始的同物种的个体。因此前面的阐述并不与现在已经发现或有待发现的茶树原始型个体相矛盾。

2.2.1 山茶植物在植物进化中的地位

茶树属植物界，种子植物门，被子植物亚门，双子叶植物纲，山茶目，山茶科，山茶属，茶亚属，茶组，茶系，茶种。根据黎先耀等人编写的《生物史图说》，裸子植物的起源约在距今 1.5 亿年前的侏罗纪中后期。裸子植物昌盛时，被子植物开始萌芽，白垩纪发生，第三纪大发展。经过第四纪的进化，而形成了现代被子植物，山茶植物是早中期被子植物的代表。

2.2.2 山茶植物在被子植物系统中的地位

植物学家认为，木兰目植物是最早的被子植物，木兰是所有被子植物的祖先。根据是地质史最早出现的被子植物化石是木兰型孢粉，从植物化学看，木兰中的鞣花酸、鞣花单宁等是被子植物最原始的化学成分。从植物系统学分析，木兰是最原始的被子植物，所有的被子植物都是从木兰分化发展而来的。山茶目是木兰目经五桠果目发展起来的早期被子植物。原始茶与木兰都是乔木型，单轴分枝，喜热湿气候与酸性土，特别叶形高度相似，生态区重合。

2.2.3 茶树在山茶属分类系统中的位置

山茶属是山茶科中较多、系统上较原始的一个属，全产于亚洲，约有 119 种，我国有 98 种，占种数的 82.4%，其中特有种 85 个。植物学家闵天禄将山茶属分为两个亚属：茶亚属和山茶亚属。每个亚属下有若干组。我们说的茶树，用于制作茶饮的植物在茶亚属的茶组，共有 12 种和 6 个变种。

3 澜沧江流域的古茶树资源分布

3.1 澜沧江流域古茶树资源分布特点

古茶树以云南省境内样本资料最为丰富，分布区域最广泛，古茶园(山)面积最大，树龄最长。云南省古茶树的分布呈现两个显著特点：一是分布广阔，16个州(市)中13个有古茶树分布；二是有特别密集区，在“一流域二山脉”，即澜沧江流域和哀牢山山脉、高黎贡山山脉，集中了全省90%以上的古茶树。按云南省林业厅的普查资料记载，90%以上的古茶树分布在澜沧江流域；依据《云南省古茶树资源概况》提供的数据，90%以上的古茶园面积分布在“一流域二山脉”。古茶树特别富集于澜沧江流域，集中在流域的大理至西双版纳区间，具有显著的区域性。

澜沧江流域云南段茶树资源十分丰富，特色化的种质资源非常多，分布特点表现为：①古茶树资源数量最丰富；②古茶树年代最久远；③从茶树植物进化的角度，有野生型、过渡型、栽培型完整的进化历程，被称作“活化石”级别的古茶树并列呈现在当下；④从茶树树型看，有伟乔(30 m及以上)、中乔、小乔直至灌木；⑤从茶树叶型看，以云南大叶种为主体的茶树，同时兼有特大、中、小、特小各叶型茶树；⑥从芽叶颜色看，有绿色、黄绿色、紫色、紫红、紫褐色；⑦茶树生长在多样的森林系统中；⑧山茶属茶组植物种丰富；⑨茶树特异种质资源多样。

茶树享受着澜沧江的滋养，内含物质丰富。西南茶区温暖湿润的自然环境适合茶树的生长，酚类化合物的合成高于其他内含物质，由于生物碱的含量相对不足，茶多酚带来的涩味相对突出。东北茶区高海拔、高纬度的自然环境使得白天日照充足，茶树生长受紫外线影响咖啡碱合成较多，茶叶口感偏苦。东南茶区分布着大片古茶树群落，这里山势平缓，茶树生长环境良好，茶叶内含物质丰富均匀、香气馥郁、口感柔和。

3.2 澜沧江流域数以千万的古茶树

2017 年，云南省林业厅组织了对全省 7 个州(市)22 个古茶树(园)重点分布县(市、区)的资源调查，各州(市)也开展了专项调查，汇总调查结果显示云南古茶树为 5 494.67 万株，其中，澜沧江流域州(市)分布着 5 401.61 万株，占比为 98.31%(表 3.1)。

表 3.1 云南省古茶树各州(市)分布情况

区域	州(市)	株数/株	占比/%	数据来源
澜沧江流域州(市)	大理	17 003	98.31	赵尹强：古茶树调查数据；大理古茶树资源，https：//wenku.baidu.com/view/89073f80580102020740be1e650e52ea5418ce37.html
	保山	500 565		段学良：《保山古茶树资源》
	临沧	41 845 598		魏小平：《云南省古茶园(树)资源》
	普洱	6 545 425		魏小平：《云南省古茶园(树)资源》
	西双版纳	5 107 481		魏小平：《云南省古茶园(树)资源》
其他	红河	35 400	1.69	黄炳生：《云南省红河州古茶树资源概况》
	文山	890 000		胡大权：《文山茶叶》
	楚雄	5 232		卜保国，傅荣：《楚雄州古茶树资源调查与保护》
合计		54 946 704	100.00	

2016 年出版的《云南省古茶树资源概况》显示云南省古茶树(园)分布总面积为 329.68 万亩，其中野生种古茶树居群面积为 265.75 万亩，栽培种古茶树(园)面积为 63.93 万亩。

澜沧江流经的 5 个州(市)大理、保山、临沧、普洱、西双版纳中，古茶树(园)分布总面积为 237.30 万亩，占总面积的 71.98%(表 3.2)。其中，野生种古茶树居群面积 192.10 万亩，栽培种古茶树(园)面积 45.20 万亩。

表 3.2 云南省古茶树资源分布情况

	州(市)	野生种古茶树居群面积/亩	栽培种古茶树(园)面积/亩	古茶树(园)分布总面积/亩	占总面积比例/%
澜沧江流域	大理	5 000	3 200	8 200	71.98
	保山	72 564	25 464	98 028	
	临沧	540 943	111 300	652 243	
	普洱	1 179 000	182 000	1 361 000	
	西双版纳	123 500	130 000	253 500	

（续表）

	州（市）	野生种古茶树居群面积/亩	栽培种古茶树（园）面积/亩	古茶树（园）分布总面积/亩	占总面积比例/%
其他	楚雄	4 500	2 400	6 900	15.86
	红河	405 000	111 000	516 000	
	德宏	47 520	38 320	85 840	2.60
	文山	279 500	35 575	315 075	9.56
合计		2 657 527	639 259	3 296 786	100.00

3.3 澜沧江流域世界著名的3棵古茶树

在澜沧江流域众多的古茶树中，有3棵古茶树格外引人注目。在百年原产地之争的岁月里，它们逐一被发现，在同一时空中展示了“野生”到“半野生半栽培”再到“栽培”这样一个植物进化历程的现实版，成为证明中国是世界茶树原产地的“活化石”。

3.3.1 西双版纳勐海南糯山栽培型大茶树（*Camellia sinensis* var. *assamica*）

此古茶树于1951年发现，位于云南省西双版纳傣族自治州勐海县格朗和乡南糯山村，树高8.8 m，树幅9.6 m，地径1.38 m，树龄约800年。勐海南糯山古茶树（图3.1）的发现进一步证明了西双版纳地区先民栽培茶树的悠久历史。

图3.1 西双版纳勐海南糯山栽培型大茶树（引自网络）

3.3.2　西双版纳勐海巴达野生型大茶树(*Camellia taliensis*)

此古茶树于1961年发现，位于云南省西双版纳傣族自治州勐海县巴达乡大黑山自然保护区，海拔约1 500 m。树高32.12 m，地径100.3 cm，树龄约1 700年。勐海巴达古茶树(图3.2)是众多野生茶树的代表，也是迄今为止世界上最高的一棵茶树。

图3.2　西双版纳勐海巴达野生型大茶树(引自网络)

3.3.3　普洱澜沧邦崴过渡型大茶树(*Camellia* sp.)

此古茶树于1991年发现，位于云南省普洱市澜沧拉祜族自治县富东乡。具体地理坐标为北纬23°7′37″，东经99°56′11″，海拔1 891m。乔木树型，树姿直立，分枝旺盛；树高11.8 m，树幅11.1 m×10.2 m，地径78.9 cm，距地1.3 m处分成12枝，4枝直径在20 cm以上，最粗1个分枝为48.7 cm。普洱澜沧邦崴古茶树(图3.3)既有部分野生型茶树的性状，又有部分栽培型茶树性状特征，因此将其称为过渡型古茶树。

图 3.3　普洱澜沧邦崴过渡型大茶树

3.4　澜沧江流域典型古茶树

在澜沧江流域范围内的千万株古茶树中，地径不小于 50 cm 的比比皆是，现选取部分列表于后(表 3.3)与读者分享。

表 3.3　云南省典型古茶树(节选)分布情况

州(市)	典型古茶树(茶树名称+地径/cm)
普洱(35 株)	腊福大茶树 76.8；东乃大茶树 76.6；千家寨古茶树 102＊＊；大茶房老野茶 53；芹菜塘老野茶 81.2；蓬藤箐头老野茶 100；石婆婆野茶 99；槽子头大茶树 55.1；箐门口野茶 50.6；秧草塘大山茶 111.5；凹路箐大茶树 74.8；凹路箐三杈大茶树 249.4(包括 3 个分枝)；温卜大茶树 95.5；大卢山大茶树 82.8；花山大茶树 105.1；灵官庙大茶树 67.5；垭口大茶树 90.8；大黑山腊大茶树 90.8；班母野茶 75.8；罗东山大茶树 108.3；干坝子大山茶 84.4；丙龙山大叶茶 63.7；困鹿山野生大茶树 55.7；困鹿山茶 61.1；茶源山野生大茶树 98；下岔河茶 75；邦崴大茶树 78.9＊＊；安知别野茶 70.1；营盘大尖山野茶 55.4；帕冷大茶树 57.3；看马山野茶 82.8；糯波大箐老茶 78.7；大水缸绿茶 1 号 101.9；大水缸绿茶 2 号 52.9；秧塔大白茶 45.9
西双版纳(23 株)	巴达野生型 1 号大茶树 100；巴达野生型 2 号大茶树 58.65＊＊；南糯山大茶树 138；新南糯山大茶树 34；滑竹梁子大茶树 65.3；雷达山大茶树 85；苏湖大茶树 54.4；帕沙茶树王 64＊＊；打洛大茶树 51；贺开古茶树 74.7＊＊；班章茶树王 55＊＊；曼糯大茶树 57.5；章朗大茶树 49.7；曼真白毛茶 50；曼打贺古茶树 50＊；曼夕古茶树 65.61＊；邦盆老寨古茶树 50.32＊；保塘旧寨 1 号古茶树 58.28＊；保塘旧寨 2 号古茶树 66.88＊；落水洞大茶树 40；同庆河古茶树 57.32＊；曼加坡坎古茶树 50.64＊；科联古茶树 52.23＊
临沧(24 株)	香竹箐的世界茶树王 185＊＊；凤山大山茶 50；凤山大叶茶 50；忙丙大茶树 60；勐库大雪山大茶树 1 号 104＊＊；勐库大雪山大茶树 2 号 76.8；勐库大雪山大茶树 3 号 83.4；羊圈房大茶树 55；冰岛茶树王 48.4＊＊；冰岛特大叶 54；冰岛绿大叶 52；冰岛黑大叶 54；南迫大茶树 77；懂过大茶树 50；坝糯藤条茶 50＊＊；乌木龙大野茶 50；武家寨大茶树 70；茶房大苞茶 67；白莺山本山茶 66.9；白莺山白芽口茶 99；白莺山二戛子茶 124.2；菖蒲塘大茶树 75；昔归大茶树 35；大浪坝 1 号大茶树 83.76＊＊
保山(9 株)	石佛山大茶树 93＊＊；沿江村茶王树 108＊＊；联席大茶树 92.4；原头茶 50；红裤茶 71；潞水大茶树 55；小田坝大茶树 123；硝塘大茶树 64；天堂山 2 号 77.7＊＊
大理(7 株)	感通茶 26＊＊；瓦厂大茶树 86；单大人 1 号 73.89＊＊；小古德 1 号大茶树 63.3＊＊；大板箐大茶树 53.2；大核桃箐 2 号 60.1；大核桃箐 4 号 60.5

注：＊ 引自黄炳生主编《云南省古茶树资源概况》；＊＊ 为作者实测；未标注的引自虞富莲《中国古茶树》。

沿澜沧江而下，每个州(市)都有自己有代表性的古茶树，甚至不乏世界知名的大茶树。

3.4.1　大理白族自治州典型古茶树

大理白族自治州下辖 12 个县(市)，是澜沧江流域古茶树分布的开端。澜沧江沿江而下，流域涵盖了大理的剑川县、云龙县、漾濞彝族自治县、洱源县、大理市、永平县、巍山彝族回族自治县、南涧彝族自治县。古茶树主要分布在大理市、南涧彝族自治县、永平县。

(1)感通寺 1 号茶树(*Camellia taliensis*)

此茶树位于大理苍山感通寺寺院内，东经 100°09′58″，北纬 25°38′45″，海拔

2 300 m。乔木型，树姿半开张，长势强。树高 5. 8 m，树幅 4. 3 m×3. 8 m，茶树地径 26 cm(图 3. 4)。

图 3. 4　大理感通寺 1 号茶树

感通寺 1 号茶树树体不大，但感通茶是历史名茶。明代《一统志》有记载："感通茶，感通寺出，味胜它处产者。"

徐霞客曾在感通寺住了 3 个月，他在《滇游日记》中有记载："感通寺中庭院外，乔松修竹，间作茶树，树皆高三四丈……茶味颇佳。"

现主持释传慈在感通大茶树前的碑文写道："感通茶是云南禅茶文化的见证，在空山修竹，晨钟暮鼓的梵音中，静心品饮，有感而通，体味茶文化的博大，参悟人生的真谛，祈福无量。"

(2)单大人 1 号茶树(*Camellia taliensis*)

此茶树位于大理苍山斜阳峰，东经 100°10′49″，北纬 25°36′39″，海拔 2 415 m。乔木型，树姿开张，长势一般。树高 4. 6 m，树幅 6. 1 m×5. 0 m，茶树主干地径 73. 89 cm(图 3. 5)。

单大人 1 号茶树是大理到目前为止发现的径级最大的茶树，身处苍山将军洞附近斜阳峰的单大人寨。目前，单大人寨仅存一户人家，原来的单大人山庄(别

图 3.5　大理单大人 1 号茶树

墅)已成一片废墟，但四周石界还清晰可见，初步估计此处有300~500株不同径级的茶树，已形成古茶树居群。至于单大人是哪个朝代什么官位的大人物？为何来到苍山斜阳峰盖建了这么一处山庄？是不是当时种下的茶树？都不得而知，有待于挖掘整理。

(3)小古德大茶树(*Camellia taliensis*)

此茶树位于大理南涧无量山镇古德村委会小古德茶场，东经100°34′14″，北纬24°43′20″，海拔1 988 m。乔木型，树姿开张，长势强。树高11.6 m，树幅9.2 m×8.7 m，地径63.4 cm(图3.6)。

小古德大茶树生长在远近闻名的樱花谷所在地无量山镇。有现代茶园的映衬，远处星星点点的粉红樱花，使得小古德大茶树成为大理靓丽的一棵大茶树，构成无量山“樱花谷—古茶树—森林公园”“点线面”结合的景观中的“点”。

图3.6　大理小古德大茶树

3.4.2 保山市典型古茶树

保山市下辖 1 个区、1 个市、3 个县。沿澜沧江而下，流域内古茶树的分布从上游大理白族自治州的零星分布，到了保山就密集起来。沿江而下流域涵盖了隆阳区、昌宁县。据保山市提供的资料，辖区内古茶园 1.07 万 hm^2，古茶树居群 105 个，古茶树 500 565 株。其中，地径大于 80 cm、树高大于 8 m 的 917 株；地径 50~80 cm、树高 5~8 m 的 4 644 株。流域内的昌宁县就有古茶树 20 万株，隆阳区有 16.9 万株。以下列举保山市 3 株典型大茶树。

(1)茶山河大茶树(*Camellia taliensis*)

此茶树位于昌宁县漭水镇沿江村茶山河村民小组，东经 99°37′12″，北纬 24°58′48″。海拔 2 380.8m。乔木，树姿半开张，长势强。树高 17.2 m，树幅 8 m×6.7 m，地径 108 cm，最低分枝高度 1.5 m(图 3.7)。

图 3.7　保山茶山河大茶树

茶山河大茶树是保山市发现的最大径级的茶树，最显著的特点是距地 2. 35 m 处的庞大树体有 22 个分枝，其中直径大于 20 cm 的有 10 枝，大于 30 cm 的有 5 枝，这是单株树体最大的茶树(图 3. 8)。

图 3. 8　保山茶山河大茶树庞大的树体

(2) 石佛山大茶树(*Camellia taliensis*)

此茶树位于田园镇新华村石佛山村民小组，东经 99°45′00″，北纬 24°56′24″，海拔 2 142 m。乔木型，树姿半开张，长势强。树高 15m，树幅 9 m×6. 5 m，地径 93 cm，最低分枝高 0. 6 m。石佛山大茶树树姿阿娜，距昌宁县城 10 km 左右。距地 1. 3 m 处分 6 枝，直径分别为 19. 55 cm、21. 15 cm、30. 00 cm、33. 85 cm、34. 70 cm、46. 30 cm(图 3. 9)。

(3) 天堂山大茶树(*Camellia taliensis*)

此茶树位于天堂山自然保护区红豆河上游辉家，东经 99°35′44″，北纬 24°59′4″，海拔 2 520m。乔木型，树姿直立，长势强。树高 15. 4 m，树幅 2. 8 m×4. 5 m，地径 77. 7 cm。最低分枝高度 0. 6 m，分为 7 枝，直径分别为 37. 2 cm、6. 3 cm、18. 2 cm、9. 5 cm、27. 2 cm、24. 6 cm、19. 6 cm(图 3. 10)。

图 3.9　保山石佛山大茶树

图 3.10　保山天堂山大茶树

3.4.3 临沧市典型古茶树

临沧市下辖1区、7县，是云南重要的产茶地，古茶群落(园)共61.6万亩(4.11×10^4 hm^2)。其中，野生茶树群落50.5万亩，栽培古茶园11.1万亩。

沿澜沧江而下，流域涵盖或涉及凤庆县、云县、永德县、临翔区、耿马傣族佤族自治县、双江拉祜族佤族布朗族傣族自治县、沧源佤族自治县。这些县(区)都有丰富的古茶树资源。

(1)香竹箐大茶树(*Camellia* sp.)

此茶树位于临沧凤庆县香竹箐村，东经100°04′53″，北纬24°35′51″，海拔2 245 m。大乔木，树姿开张，分枝密，树高10.6 m，树幅10.0 m×9.3 m，基围5.8 m，地径1.85 m(图3.11)。香竹箐大茶树是目前世界范围内发现的径级最大的茶树，堪称世界之最(图3.12)。

图3.11 临沧香竹箐大茶树

图 3. 12　临沧香竹箐大茶树基部和叶特征

(2)勐库大雪山1号茶树(*Camellia taliensis*)

此茶树位于临沧双江勐库大雪山自然保护区，北纬23°41′47″，东经99°47′47″，海拔2 700 m。野生古茶树，大理茶种。胸围3.25 m，胸径1.04 m，株高15 m，冠幅13.7 m×10.6 m(图3.13)。

勐库大雪山1号茶树是勐库大雪山野生茶树群落的典型代表。勐库大雪山野生茶树群落于1997年被发现，现存群落面积达1.2万亩，是迄今世界上已发现的海拔最高、分布面积最广、种群密度最大的野生古茶树群落。该群落生长着从小苗到不同径级的茶树，径级最大的是勐库大雪山1号茶树。该野生古茶树群落具有良好的群落可持续性。

图3.13　临沧勐库大雪山1号茶树

(3)冰岛茶树王(*Camellia sinensis* var. *assamica*)

此茶树位于勐库镇冰岛村广场，东经99°32′28″，北纬23°27′55″，海拔1 658 m。乔木型，树姿开张，长势强。树高10.6 m，树幅5.4 m×6.5 m，地径48.4 cm，地面分5枝，直径分别为27.4 cm、8.6 cm、8.3 cm、6.7 cm、4.7 cm(图3.14)。冰岛茶树王是国家认定良种勐库种的典型代表，具有显著的品质特征。

图 3.14　临沧双江冰岛茶树王

3.4.4　普洱市典型古茶树

普洱市下辖 1 区、9 县，有着丰富的古茶树资源，野生茶树居群和栽培古茶山面积 90 755 hm^2(136.1 万亩)。其中，野生茶树居群面积 78 633 hm^2(117.9 万亩)，栽培古茶山面积 12 123 hm^2(18.2 万亩)。野生茶树居群生长在海拔 2 100~2 700 m，栽培古茶山位于海拔 1 500~2 300 m。

沿江而下，澜沧江流域涵盖或涉及普洱市的县(区)为：景东傣族自治县、镇沅彝族哈尼族拉祜族自治县、景谷傣族彝族自治县、宁洱哈尼族彝族自治县、思茅区、澜沧拉祜族自治县、江城哈尼族彝族自治县。

最典型的大茶树是普洱澜沧邦崴过渡型大茶树，已在3.3.3中详述。宁洱的困鹿山古茶园有丰富的古茶树多样性表征，有常见的云南大叶种普洱茶种，也有罕见的小叶种乔木茶树，有粉色的茶花、紫色的茶芽，等等。景谷的秧塔大白茶是云南大叶种适制白茶的最佳品系，下面选取3株代表植株进行介绍。

(1)困鹿山1号茶树(*Camellia sinensis* var. *assamica*，挂牌编号530821101291)

此茶树位于宁洱镇宽宏村困鹿山组，北纬23°15′4.66″，东经101°4′37.53″，海拔1 652m。乔木树型，树姿直立，分枝较稀；地径58.2 cm，树高9.6 m，树幅9.96 m×8.63 m。距地40 cm处分为3枝，直径分别为29.6 cm、27.3 cm、38.6 cm。平均10片成熟叶片叶长15.8 cm，叶宽6.24 cm，叶面积69.01 cm^2，属大叶种茶树(图3.15、图3.16)。

图3.15　普洱困鹿山1号茶树

图 3.16　普洱困鹿山 1 号茶树细部特征

（2）困鹿山 3 号茶树（*Camellia sinensis* var. *assamica*）

此茶树位于宁洱宁洱镇宽宏村困鹿山组，北纬 23°15′2.4796″，东经 101°4′36.9994″，海拔 1 610 m。乔木树型，树姿直立，分枝较密；地径 72.3 cm，树高 10.8 m，树幅 7.88 m×6.90 m。距地 20 cm 处分为 6 枝，直径分别为 21.2 cm、7.0 cm、15.6 cm、11.1 cm、20.9 cm、25.5 cm。平均 10 片成熟叶片叶长 5.22 cm，叶宽 2.08 cm，叶面积 7.42 cm^2，属小叶种茶树（图 3.17、图 3.18）。以乔木形态生长的小叶种茶树在云南极为罕见。

图 3.17　普洱困鹿山 3 号茶树

图 3.18　普洱困鹿山 3 号茶树细部特征

(3) 景谷秧塔大白茶茶树(*Camellia sinensis* var. *assamica*)

茶树位于景谷傣族彝族自治县民乐镇大村秧塔，北纬 23°39′34.20″，东经 100°34′7.68″，海拔 1 709 m。乔木树型，树姿直立，分枝较密；嫩芽叶黄绿，芽头肥硕，茸毛特多，10 个芽头鲜重 3.5 g；地径 43 cm，树高 9.2 m，树幅 6.1 m×6.9 m。距地 63 cm 处分为 2 枝，直径分别为 21.5 cm、27.5 cm。平均 10 片成熟叶片叶长 15.07 cm，叶宽 6.16 cm，叶面积 64.98 cm^2，属大叶种茶树(图 3.19)。

3.4.5　西双版纳典型古茶树

西双版纳辖区内的景洪、勐海和勐腊都在澜沧江流域内，历史上是传统的普洱茶重点产茶区，有丰富的古茶树资源。

2016 年 12 月，黄炳生主编《云南省古茶树资源概况》记载西双版纳有古茶园(山)25.35 万亩，其中，栽培型的有 13.00 万亩，野生种古茶树居群面积(亩)12.35 万亩。2015 年 12 月，云南省林业厅调查规划院开展的古茶园(树)调查结果显示西双版纳有古茶树 510.75 万株。

有 2 株最典型的大茶树在西双版纳，它们分别是西双版纳勐海南糯山栽培型大茶树和西双版纳勐海巴达野生型大茶树，已在 3.3.1 和 3.3.2 中详述。

图 3.19 普洱景谷秧塔大白茶茶树及芽特征

(1)班章茶树王(*Camellia sinensis* var. *assamica*，农业局挂牌编号 343)

此茶树位于勐海布朗山乡班章村委会，东经 100°29′54.24″，北纬 21°43′32.88″，海拔 1 776 m。乔木型，长势强。树高 11 m，树幅 5.0 m×5.5 m，地径 55 cm，最低分枝高度 0.22 m，分为 2 枝，直径分别为 27.8 cm、27.2 cm(图 3.20)。

(2)巴达大黑山 1 号野生茶树(*Camellia taliensis*，农业局挂牌编号 202)

此茶树位于勐海西定乡曼瓦村委会大黑山，东经 100°6′33.48″，北纬 21°49′49.44″，海拔 1 971 m。乔木型，长势强。树高 12 m，树幅 4.5 m×5.1 m，地径 58.65 cm，最低分枝高度 0.81 m，分为 2 枝，直径分别为 37.15 cm、33.0 cm(图 3.21)。

图 3.20　西双版纳班章茶树王

图 3.21　西双版纳巴达大黑山 1 号野生茶树

（3）南糯山半坡大茶树（*Camellia sinensis* var. *assamica*）

此茶树位于勐海县南糯山村半坡寨，东经 100°36′21.3804″，北纬 21°56′4.0848″，海拔 1 542 m。小乔木型，长势较好。树高 10.2 m，树幅 9.8 m×8.5 m，地径 59.8 cm，最低分枝高度 0.20 m，分为 2 枝，直径分别为 48.1 cm、25.2 cm（图 3.22）。

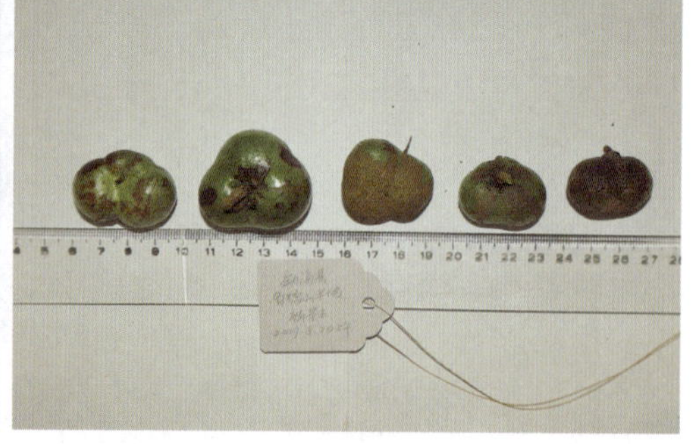

图 3.22　西双版纳南糯山半坡大茶树

3.5　澜沧江流域典型古茶生态系统

澜沧江流域除了那些古老的茶树外，更为珍稀的是由这些古茶树与其他树种构成的古茶生态系统。古茶生态系统是以茶树为建群（或优势）树种的森林生态系统。它们分为两种类型：一类是天然古茶生态系统，典型代表是野生茶树群落；另一类是半自然/人工古茶生态系统，众多的古茶山/古茶园是这一系统的代表。据不完全统计，现已报道的澜沧江流域古茶生态系统有 129 个，其中野生茶树群落43个，古茶园/古茶山86个，具体见表3.4。

表3.4 云南省古茶园/古茶山、野生茶树群落数量情况

州(市)	古茶园/古茶山/个	野生茶树群落/个	总数/个
大理	4	0	4
保山	25	3	28
临沧	12	18	30
普洱	26	19	45
西双版纳	19	3	22
合计	86	43	129

下文我们选取一些典型的古茶生态系统，展示这些珍贵资源。

3.5.1 天然古茶生态系统——野生茶树群落

澜沧江流域天然古茶生态系统以野生茶树群落呈现的典型代表如下。

3.5.1.1 以西定乡巴达大黑山为代表的3个野生茶树群落

以西定乡巴达大黑山为代表的3个野生茶树群落分布于南亚热带季风常绿阔叶林中，是目前所知大理茶(*Camellia taliensis*)在我国境内分布最南端的野生种群，对于研究大理茶跨境分布地理格局有重要的意义和价值。

2018年9月，勐海县组织了野生茶树资源科学考察，对勐海县西定乡巴达大黑山野生茶树群落、格朗和乡雷达山帕真野生茶树群落和勐宋乡滑竹梁子野生茶树群落进行实地调查。

(1)西定乡巴达大黑山野生茶树群落

野生茶树资源主要分布于西定乡曼瓦村委会巴达大黑山，海拔范围1 870~2 150 m，居群占地面积约5 067 hm^2(76 050亩)，野生茶树分布密度约16株/1 600 m^2(6.5株/亩，1株/100 m^2，97.5株/hm^2)，共有茶树494 032株。生境为季节性雨林、半常绿季雨林、暖热性针叶林、热性竹林、禾本科草类灌丛植被类型，伴生植物主要有苏铁、桫椤、红椿、大叶木兰、火麻树、樟树等(图3.23)。

典型样株：巴达1号野生茶树至巴达5号野生茶树，基径范围为39.81~70.06 cm；[5号至1号基围分别为129 cm、125(39.81) cm、172 cm、220(70.06) cm、140 cm]；树高为5.6~18.5 m(5号至1号树高分别为9.1 m、18.5 m、16.2 m、13.2 m、5.6 m)(图3.24)。

图 3.23 西定乡巴达大黑山野生茶树群落生境

图 3.24 西定乡巴达大黑山野生茶树群落典型茶树

(2)格朗和乡雷达山帕真野生茶树群落

格朗和乡野生茶树资源主要分布于帕真村委会雷达山，海拔范围 2 075～2 200 m，居群分布面积约 180 hm^2，核心区野生茶树分布密度约 20 株/1 600 m^2。生境为季节性雨林、半常绿季雨林、山林、暖热性针叶林、竹林、禾本科草类灌丛植被类型，茶树伴生植物主要有苏铁、桫椤、红椿、大叶木兰、火麻树、樟树等(图 3.25)。

图 3.25　格朗和乡雷达山帕真野生茶树居群生境
（资料来源：2018 年勐海县野生茶树资源科学考察报告。）

典型样株：雷达山 1～8 号野茶树，地径 38.22～90.76 cm[分别为 267 cm、180 cm、140 cm、140 cm、206 cm、240 cm、285(90.76)cm、120(38.22)cm]；树高 8.4～23 m(分别为 19.6 m、22 m、8.7 m、21 m、8.4 m、14.8 m、14 m、23 m)(图 3.26)。

(3)勐宋乡滑竹梁子野生茶树群落

野生茶树资源主要分布于勐宋乡滑竹梁子，海拔范围 1 900～2 400 m，居群占地面积约 3 133 hm^2，野生茶树分布密度约 12 株/1 600 m^2(图 3.27)。

典型样株：滑竹梁子 1～12 号野茶树，地径 44.59～79.62 cm[分别为 153 cm、188 cm、250(79.62)cm、160 cm、160 cm、152 cm、165 cm、180 cm、170 cm、155 cm、180 cm、140(44.59)cm]；树高 4.3～11.3 m(6.7 m、8.9 m、11.3 m、4.3 m、4.3 m、4.6 m、4.3 m、5.2 m、4.9 m、8.1 m、8.6 m、5.6 m)(图 3.28)。

（a）雷达山1号野生茶树　　（b）雷达山6号野生茶树

图 3.26　格朗和乡雷达山帕真野生茶树群落典型茶树

（资料来源：2018 年勐海县野生茶树资源科学考察报告。）

图 3.27　勐宋滑竹梁子野生茶树群落生境

（资料来源：2018 年勐海县野生茶树资源科学考察报告。）

（a）滑竹梁子1号野茶树

（b）滑竹梁子3号野茶树

（c）滑竹梁子6号野茶树

图 3.28 勐宋滑竹梁子野生茶树群落典型茶树

（资料来源：2018 年勐海县野生茶树资源科学考察报告。）

3.5.1.2 双江勐库大雪山野生茶树群落

此茶树群落位于双江和耿马交界的大雪山中上部，分布面积约为 800 hm^2，海拔范围为 2 200～2 750 m，是中山湿性常绿阔叶林下的大理茶野生种群。林下原为极优势的竹子层片，由于 1992 年竹子集体开花死亡，古茶群落方才为人所知。此茶树群落为目前已知的海拔最高、密度最大、数量最多的大理茶种群（图 3.29）。

2002 年 12 月 5—8 日，专家们深入勐库大雪山，对野生古茶树群落进行了实地考察和论证，得出了科学的鉴定意见。专家们一致认为，在双江勐库大雪山中上部一带发现的野生古茶树群落所处植被类型属于南亚热带山地季雨林，野生古茶树为二级乔木层优势树种，其生长密度（包括自然繁衍的植株）平均为一个样方（62 m^2）19 株，达到构成植物自然群落的密度要求。古茶树群落属原生自然植被，且保存完好，自然更新力强，生物多样性极为丰富，具有极为重要的科学和保存价值，是珍贵的自然遗产。

专家们对大雪山中上部的大平掌近 2 km^2 的地块内有代表性的 25 株古茶树进行了形态特征的测量、观察和标本采集，其高度为 4.3～30.8 m，树幅为 2 m×2 m～16.2 m×18.6 m，胸围为 0.42～3.1 m（胸径 0.13～1 m），最低分枝高度 1～5.7 m，均是典型的乔木茶树。其中，1 号大茶树位于海拔 2 720 m 处，株高 16.8 m，基围 3.25 m（地径 1.04 m），胸围 3.1 m（胸径 1 m），树幅 13.7 m×10.6 m，分枝中等，树姿半开张，叶片水平状着生，嫩枝及芽体无毛，平均叶长 13.7 cm，宽

图 3.29　双江勐库大雪山野生茶树群落生境

6.3 cm，叶片椭圆形；叶色绿有光泽，叶面平，叶尖渐尖，叶质较脆，叶缘近1/3无齿，叶脉9~10对，叶柄、叶背、主脉均无茸毛；鳞片3~4个，呈微紫红色，无毛，芽叶基部紫红色；萼片5个，绿色无毛；花冠平均直径4.0~4.5 cm，花瓣薄软，白色无毛，雌雄蕊比低，花柱0.7 cm，柱头5裂，裂位1/3~1/2，子房5室，密披茸毛。根据这一植物学形态特征，勐库古茶树在分类上属于山茶科山茶属大理茶种(*Camellia taliensis*)，是一个较为原始的野生茶树物种，但具有茶树的一切形态特征和茶树功能性成分(茶多酚、氨基酸和咖啡碱等)，可以制茶饮用。

最早发现的1+1号大茶树其形态特征与1号大茶树相似，均属大理茶种(图3.30)。

勐库野生古茶树群落的科学价值如下：

①勐库野生古茶树群落是目前国内外所发现的海拔最高、面积最广、密度最大的野生古茶树群落。

②勐库野生古茶树是一个野生茶树物种，在进化上比普洱茶种(*Camellia sinensis* var. *assamica*)(包括若干栽培品种，如勐库大叶茶等)原始。勐库大叶茶

图 3.30　双江勐库大雪山野生茶树群落典型茶树 1+1 号

原产地就在勐库大雪山中下部的冰岛和公弄两村，具有叶芽肥硕、茸毛特显、持嫩性强、适制性广、产量高等特性。该品种在省内转播较早，1912—1941 年间，腾冲一带曾多次引进勐库茶种，并种植成园。20 世纪 50 年代以来，勐库大叶茶又被省内外大量引种，不仅在云南普遍种植，而且在四川、贵州、广东、广西、海南、湖北、湖南等省(自治区)也有大面积引种。1985 年，勐库大叶茶被全国农作物品种审定委员会认定为国家级品种。作为云南大叶种茶树主要栽培品种之一的勐库大叶茶与勐库野生古茶树群落同出一山，这对研究茶树的起源、演变、分类和种质创新都具有重要的价值。

③勐库野生古茶树是珍贵的茶树种质资源宝库，由于所处海拔高，具有较强的抗逆性，尤其是抗寒性较强，是抗性育种和分子生物学研究的宝贵资源。

④双江勐库高海拔超大面积千年野生古茶树群落的发现进一步证明了云南南部、西南部(即澜沧江下游流域)是世界茶树的原产地。

3.5.1.3　红河元阳小新街野生茶树群落

此茶树群落主要分布于观音山自然保护区内外的南亚热带季风常绿阔叶林和山地苔藓常绿阔叶林，是哀牢山山脉野茶群落的南端代表。保护区位于观音山山体中上部，一直以来是元阳梯田灌溉水的主要来源地，是元阳哈尼梯田农业景观的命脉所在，是农林复合景观生态系统具有强大韧性的生动案例。其中的野生茶树群落身跨农林两界和产业与生态两边，对生态文明建设和农林业关系认识具有十分独特的启示意义和实践价值(图 3. 31)。

图 3. 31　红河元阳小新街野生茶树群落

3. 5. 2　半自然/人工古茶生态系统——古茶山/古茶园

3. 5. 2. 1　西双版纳景洪攸乐古茶山

攸乐古茶山是古六大茶山之首，是典型的以普洱茶(*Camellia sinensis* var. *assamica*)为主的古茶园，主要以亚诺村为中心向四周散射，以龙帕山最为集中。海拔 1 200~1 500 m，面积约 3 000 亩，是基诺山寨的重要生计来源和文化标志(图 3. 32)。

图 3.32　西双版纳景洪攸乐古茶山

古六大茶山位于澜沧江中下游一带，以盛产普洱茶而得名，由此形成贸易集散地，在云南茶史中有重要地位。关于古六大茶山，主要有以下几种说法：

①清代檀萃的《滇海虞衡志》卷十一《志草木》记载："普茶名重于天下，此滇之所以为产而资利赖者也，出普洱所属六茶山：一曰攸乐，二曰革登，三曰倚邦，四曰莽枝，五曰蛮耑，六曰慢撒，周八百里。入山作茶者，数十万人，茶客收买，运于各处，每盈路可谓大钱粮矣。"

②清代光绪年间《普洱府志》卷十九《食货志六·物产》记载："思茅厅采访：茶有六山，倚邦、架布、熠崆、蛮砖、革登、易武。"

③1957 年，西双版纳进行实地普查后，将盛产普洱茶的六大茶山确定为：

易武、倚邦、攸乐(基诺)、曼撒、曼庄、革登。

以上3种说法不同之处是莽枝、架布、熠崆，这3个茶山逐步衰退，被易武取代。

古六大茶山展示了云南茶史的辉煌，突出了两个特点：一是面积大，在北纬21°51′~22°06′、东经101°14′~101°31′之间，面积达2 260 km^2；二是茶事活动人数之巨，正如记载的“入山作茶者，数十万人，茶客收买，运于各处，每盈路可谓大钱粮矣”。

上述的古六大茶山也称为“江内六大茶山”，在西双版纳澜沧江下游西岸，还有著名的江外六大茶山，它们以佛海(今勐海)为中心，分别为：南糯、勐宋、布朗山、巴达、贺开、景迈。

近代茶贸易兴盛逐步从易武为中心的江内六大茶山，西移至江外以勐海为中心的江外六大茶山，据《光绪二十三年思茅口华洋贸易情形论略》记载：“产茶之区可推勐海、倚邦、易武三处，计其出数年约四万担之多。”

现代，无论是江内六大茶山，还是江外六大茶山，依然都是人们追捧普洱茶的最佳茶山。

3.5.2.2 西双版纳勐腊易武古茶山

易武古茶山为古六大茶山中茶园面积最大，产量最大的茶山，“山山有茶树，寨寨都种茶”是易武古茶山的真实写照。海拔656~2 023 m，高差大，跨多种植被类型，垂直变化明显，典型的以普洱茶(*Camellia assamica*)为主的古茶园，其中混生中小叶种，是民族迁徙和种质资源交流的历史见证与成果(图3.33)。

3.5.2.3 澜沧景迈山古茶林

景迈山古茶林是现存面积最大的古茶园，是天然林下种茶的典型模式，人工起源、传统方式管理，从总体上保留了南亚热带季风常绿阔叶林的结构和外貌。是当地世居民族在悠久的种茶历史中，在对茶树生长习性深刻认识的基础上发展起来的对森林生态环境的利用模式，是传统森林茶的典型范例，是茶林与天然森林和谐共生的典范(图3.34)。

景迈古茶林实际上已包含在江外六大茶山中，位于云南省澜沧拉祜族自治县惠民乡境内。据考证，这里种茶有近2 000年的历史。古茶林由景迈、芒景、芒洪等9个布朗族、傣族、哈尼族村寨组成。景迈古茶林总面积2.8万亩。主要连片的是三大片区：大平掌片区8 000亩，岩冷山片区7 000亩，糯干片区3 000亩。其余芒洪、芒埂、翁基、帮改等地分布着10 000亩左右。实有茶树采摘面积1.2万亩。

景迈山古茶林是人与自然融合的最佳典范，也是普洱茶的原生地。景迈山古茶林，是一个历史与现实粘连得很紧的地方。千百年来，不管山里发生过什么，

图 3.33　西双版纳勐腊易武古茶山

自栽下第一株茶苗起，就注定这里是圣地灵山，这里是诞生布朗族茶文明的地方。在布朗族传说中，布朗族祖先叭岩冷种植茶园，并给后代留下遗训：留下金银财宝终有用完之时，留下牛马牲畜也终有死亡的时候，唯有留下茶种方可让子孙后代取之不竭，用之不尽。叭岩冷也就成为有姓名可考的最早的茶人，成为茶祖。相传西双版纳的傣族土司曾把第七个公主嫁给叭岩冷。现在景迈山芒景村有供奉茶祖叭岩冷的庙宇和七公主亭。景迈山古茶园占地 2.8 万亩，实际采摘面积 10 003 亩。主要分布在芒景、景迈两个村民委员会，芒景主要生活着布朗族，景迈主要生活着傣族。现存最大的茶树一株高 4.3 m，基部干径 0.5 m；另一株高 5.6 m，基部干径 0.4 m。茶园茶树以干径 10~30 cm 的古老茶树为主。茶树

图 3.34　澜沧景迈山古茶林

上寄生有多种寄生植物，其中有一种称为“螃蟹脚”的，近年由于人为过度炒作其保健功效而几乎遭受了灭顶之灾。1950 年，景迈山布朗族头人之一的苏里亚（布朗名为“岩洒”）作为云南省少数民族代表团代表之一，到北京参加了中华人民共和国建国一周年纪念活动，并将景迈茶精制成的“小雀嘴尖茶”亲手送给了毛主席。2001 年，在上海亚太经济合作组织论坛大会上，江泽民主席送给各国首脑的礼品中就有景迈茶。普洱景迈山古茶林于 2012 年 9 月被联合国粮农组织公布为全球重要农业文化遗产（GIAHS）保护试点；2012 年 11 月，成功入选《中国文化遗产预备名单》；2013 年 5 月，被国务院公布为第七批全国重点文物保护单位。

3.5.2.4 普洱宁洱困鹿山古茶园

困鹿山古茶园是澜沧江流域古茶园的典型代表之一，是否为当年的皇家茶园尚待考证，但可以肯定的是，困鹿山古茶园是传统栽培、精细管理种茶模式的典范，从其相对规整的种植方式即可看出其栽培和经营管理水平之高，是云南茶史上茶树种植栽培从粗放型和分散型走向集约化和规模化的例证。困鹿山古茶园在很小的范围内聚集有大茶树 327 株，最大的地径超过 70 cm，特别是在茶园中同时出现大叶种、中叶种和小叶种大茶树，充分展示了云南茶文化和茶经济发展中种质资源、茶文化和农林业技术交流与融合发展的历史进程和成果，可以说它是文化多样性与生物多样性协同演进与传播的生动案例(图 3.35)。

图 3.35 普洱宁洱困鹿山古茶园

困鹿山古茶园主要分布在宁洱哈尼族彝族自治县宁洱镇宽宏、西萨、谦岗村，居民主要是哈尼族和汉族。海拔 1 090～1 640 m。植被为山地常绿阔叶林和针阔混交林。常年平均气温 16.5～19.0 ℃，年降水量 1 700 mm。土壤为赤红壤、红壤。古茶园面积约 77 hm^2，呈块状分布。有性群体品种。宽宏村哈尼族种茶已有 400 多年，西萨村有 160 多年。茶园多在村寨边，粮茶间作。代表植株有宽宏村困鹿山大叶茶(前文介绍的困鹿山 1 号茶树)和困鹿山小叶茶(前文介绍的困鹿山 3 号茶树)，茶叶品质优良，用于生产晒青茶。

3.5.2.5 西双版纳勐海南糯山古茶园

南糯山古茶园是澜沧江下游西岸最著名的古茶园，有多处成片的普洱茶(*Camellia sinensis* var. *assamica*)栽培古茶园，总面积达 12 000 亩，其中有著名的“南糯山大茶树”(前文已讲到)，是勐海地区普洱茶传统栽培利用悠久历史的鲜活见证(图 3.36)。

图 3.36　西双版纳勐海南糯山古茶园

3.5.2.6　勐海曼稿古茶林

曼稿古茶林位于西双版纳勐海县勐海镇西边，为自然起源、传统采摘方式的典型代表，是南亚热带季风常绿阔叶林中普洱茶(*Camellia sinensis* var. *assamica*)的代表，是人与自然和谐与云南南部地区少数民族先民利用管理自然资源的典范。因此，我国民族植物学奠基人裴盛基教授建议将其纳入西双版纳国家级自然保护区，以探索人与自然和谐、自然保护区与社区协同发展模式(图3.37)。

图3.37　勐海曼稿古茶园

中　篇

茶树的自然起源早于人类起源，人类发现利用了茶树，就有了茶叶、茶生态、茶文化之说。我们用现代的眼光，回望、追溯、理解、定义茶生态文明，定义茶生态文化。澜沧江奔流不息、源远流长，流域内生生不息的是茶树、民族、茶。立足当下，我们通过分析研究古茶树、古茶树生态，旨在保护它们，修复它们的生态环境，使其继续与人类和谐共进。古茶树也在注视着我们，从过去到现在，到未来的某个时日，这与任何古董、文物、文化遗产不同。古茶树、古茶树生态是鲜活的，灵动的，可以永续，不可复制，这是茶文化中最有特点的部分。分析各民族当下的茶俗、茶礼，追溯、寻找这些民族起源时用茶的烙印，求证民族茶文化的起始、发生、发展。我们用第 4 章定义茶、茶生态，证明茶文明源于中国，用第 5 章介绍在澜沧江流域内围绕古茶树聚集成的茶生态文明，再汇集成中华民族茶生态文明，茶文明起源于澜沧江流域内。用第 6 章介绍茶生态文明主体的各个民族的茶事、茶礼、茶俗和聚集成的民族茶文化现象，以及构成中华民族茶文化的“根”系统的过程。

4 茶生态及生态文明

4.1 生态和生态文明

4.1.1 生态

生态是指生物在一定自然环境下生存和发展的状态，也指生物的生理特性和生活习性。生态的汉语与英语定义基本是一致的，是生物生存和发展的状态，是一个中性词。而现实中，“生态”一词也被用于修饰，形容美好的事物，如健康的、和谐的等事物均可冠以“生态”。如“生态茶”，似乎是指用生长在良好生态环境中的茶树制作的茶叶的简称。当然，茶树生长的生态环境好坏直接影响着茶叶中各种生化元素的含量组分，是茶叶品质的外部成因。

4.1.2 生态文明

生态文明是人类为保护和建设美好生态环境而取得的物质成果、精神成果和制度成果的总和。生态文明是人类文明的一种形态，它是人类经历了原始文明、农业文明、工业文明三个阶段后，又一人类文明的新阶段。这一阶段人类进入以尊重和维护自然为前提，建立人与人、人与自然，人与社会和谐共生的时代。

4.1.3 茶生态文明

中华茶生态文明是人类文化发展的成果，是人类发现利用改造茶树生成茶叶的物质享受和由此引来的精神成果的总和，也是人类社会进步的象征。人类与茶树、各民族先民与古茶树的关系正是浓缩版的古生态文明。茶是中国古老文明的一种符号，我们听到的茶、茶文化、民族茶文化、中华茶文化，茶马古道、茶马驿栈、茶旅结合，茶生态、中华茶生态文明，都是定位现在，回望或展望茶与人类生活密切相关、世代传承的文化脉络。

4.2 茶的生态系统

茶生态系统是指茶树与其周围有机与无机环境相互关系及相关反馈作用机制，包括生物的生理特性、人类干预及反馈、生态系统的发展方向。人类与茶树都是生态系统中重要的组成部分。人与茶树不应是统治与被统治、征服与被征服的关系，而应是相互依存、和谐共处、共同促进、共同发展的关系。人类的发展不仅要讲究代内公平，而且要讲究代际之间的公平；不能只以当代人的利益为中心，甚至为了当代人的利益而不惜牺牲后代人的利益。茶树在天、地、人间，适应天地，得以种的繁衍，生生不息；成为茶，与人相携共进，成就一种无限的升华。澜沧江流域古茶树与人类相携共进，古茶树见证着人类的世代更替，照顾了我们的祖先，老茶树还将在我们身后照顾我们的子孙后代。但如今，古茶树生态日益恶化，澜沧江流域内的古茶树、古茶树群落逐渐减少。我们应当全力保护古茶树生态系统。

保护茶树起源地、古茶山、古茶园、古茶树、茶马古道，进行有序的开发利用，坚持可持续发展，让古茶树以及逐渐成为古茶树的茶树在良好的生态中存活，修复、平衡古茶树生态系统；应充分了解茶树的生长习性，可以适度地栽培种植、驯化培育良种，更加地精工细作、集约化生产，回归到人与茶和谐共进的状态；让茶树适度回归野外，改变周围的环境条件，留有适合的生态位和适合度，这是人与古茶树和谐共处的态度，是维持平衡发展的手段。建设中华茶生态文明，应不同于传统意义上的污染控制和生态恢复，而是克服工业文明弊端，探索资源节约型、环境友好型发展道路的过程。

4.2.1 当代给茶的定义

茶是从茶树上采摘下来的嫩芽叶经加工制成的饮品。茶树在地球上有广泛的生长和栽培。不同的人群在不同的时期采了茶树上的嫩芽叶，用不同的方法做成了大致相同的几类茶，用不同的饮(食)茶的方法消费茶，完成着不同的茶贸易，进行着不同的相关茶的物质、精神的研究。茶和茶树是紧密相连的两种物质形态，两个概念，茶树是一种植物，茶则是人类利用茶树制作出的终极产品。

人们习惯上把可以泡着喝、煮着喝的都称为茶，如玫瑰花茶、菊花茶、银杏茶、各种药茶、果茶、奶茶等等，这些都是茶概念的衍生、延伸、放大。所有我们说的新名词、提出的新概念，都围绕着茶，而茶是源于茶树的。从专业的方向辨析茶、从科普的角度诠释茶，让现代茶概念、茶生态、茶文化回归本源是我们的职责所在。

4.2.2 讨论茶树原产地的意义

再说茶树原产地，目的在于确认原产地后，通过其他研究佐证原产地何时有人类活动轨迹，就有可能确认茶树与人类相遇碰撞出的第一束茶文化的火花。

诸多研究结果表明中国西南地区是世界茶树的原产地：

——清代顾炎武在《日知录》中记载："自秦人取蜀以后，始有茗饮之事。"

——云南的西双版纳、普洱、临沧一带是茶树的发源地。

——陆羽在《茶经》中记载："其巴山峡川，有两人合抱者。"巴山峡川即今川东鄂西，该地有如此出众的茶树。

——雅安的蒙顶山上有着最古老的茶树。

——茶文化始于以河姆渡文化为代表的古越族文化。

我们是茶学专业出身，自然认同茶树原产地在中国的西南地区。在这个区域内肯定不止一个地方有自然起源的茶树存在，我们更偏重在云南境内的澜沧江流域或说"一流域两山脉"间是茶树原产地核心地带。理由是：这里集中了全球最大面积的野生古茶树及其群落。有茶树的地方尤其是野生茶树群落的地方，若有人类活动，才有更多可能发现、利用茶树，就能够观测、表现出茶生态，萌发出茶生态文明，才有茶的发生及后来的一切。

4.2.3 讨论人类发现利用茶树的意义

"神农尝百草，日遇七十二毒，得茶而解之。"我们是读茶专业的人，念这句话如同念经。神农是人类由狩猎为主要生产方式转向采集，进而走向原始的农耕时代的代表人物。这位远古的祖先发现利用了茶树。因为说尝百草，采了就吃，所以"发现利用"是连着说，"药用食用"也是连着说。

其实还是可以分开讨论我们的先人是如何发现与利用茶树的。与著名茶文化学者杨海潮一起讨论，他推断先人可能是嗅到茶树或茶树居群特殊的清香味，找到并且认识了茶树。我们细细品味了一下，大为认同。我们从事茶园建设、管理几十年，真是能远远嗅到大茶树、茶园内茶树叶子的清香。我们的几个老师也都表达过，人不大舒服，一进茶园，嗅到茶香，什么病都没了。远古时，我们的先人狩猎或采集，通常在森林里或森林边缘，临水、好保存火种的地方活动。若寻着一种清香过去，见有大茶树或茶树林，采下叶片尝尝，发现其可用，抑或就依着茶林而居呢。还有我们现在通常认为，大凡茶树长得好的地方，也特别适合人居。

茶树又是怎样被利用的？这是茶学的一个"基本问题"。大致有以下几种说法：

①祭品说：由祭品，而菜食，再药用，终成为饮料。

②药用说：由药用，而食用，再饮用。在傣语中，茶即为"腊"，原意是"弃""丢掉"的意思。根据传说，佛历452年(公元前91年)，景迈头人召糯腊的夫人南应腊得了疾病。召糯腊上山找药，发现一种非常特别的树叶，摘来放在嘴

里嚼，直感清香扑鼻。于是，他就试着采下绿叶尖拿回来煮成水给夫人喝、洗，其夫人身体慢慢好起来，身上的疾病都“腊嘎”。召糯腊发现这些叶能治病的同时也能饮用。因为绿叶可以清除病魔，召糯腊就将此绿叶树取名为“腊”，傣家人对茶的称谓“腊”由此而产生。

③食物说：“古者，民茹草饮水”，“民以食为天”。食用价值在先，符合中华民族的文化脉络与发展历史。

④从来并用说：即最初到现在利用茶的方式方法并用。我们更赞同“从来并用说”。食药同源，食在先，药在后，药用中也应是外敷在先，药饮在后。煮饮泡饮也会先属食，专饮更靠后些。

以茶树起源，人类发现使用茶树，云南多个兄弟民族与茶树相生相伴形成的初始民族茶文化，通过茶马古道与内地连接，通过丝绸之路与世界连接，相互融合，相互促进，共同进步，不断凝结、升华为今天的中华民族茶文化。

4.2.4 茶的加工起始

茶的加工源于先人们采摘下的茶树叶子一次吃不完而需要贮存。采摘—贮存是大流程，萎凋—干燥是小流程，茶的基本加工工艺自远古天然形成。白茶、红茶、青茶、绿茶、黄茶、黑茶的加工方式只是现代人推敲当地茶农如何依祖制、依各茶区的环境因素做茶而归结出的工艺流程。

茶学家陈椽先生从制茶技术的角度将茶史分为 4 个时期：①制茶开始时期，从春秋到东汉，即公元前 770 年—公元 220 年，以晒干为主，经历 900 多年；②制茶发达时期，从三国到南宋，即公元 220 年—1279 年，从蒸青团茶到蒸青散茶，经历 1 000 多年；③制茶兴旺时期，从元朝至清朝，即公元 1280 年—1850 年，从绿茶到各种茶类，经历 600 多年；④制茶机械化时期，即公元 1850 年—1950 年，从绿茶到红茶，经历 100 多年。

茶史专家朱自振先生在《茶史初探》中将古代茶史分成 4 个时期：①秦汉和六朝茶业；②称兴称盛的唐代茶业；③宋元茶业的发展和变革；④传统茶业由盛转衰的明清。

茶学家庄晚芳先生将茶的生产发展进程划分 4 个阶段：①公元前阶段；②东汉南北朝阶段；③隋朝到唐宋阶段；④元朝到清朝阶段。

4.2.5 茶树是环境友好的典范

人类、茶树都是自然的成员，人类与茶树的关系仅是人与自然、自然中各成员之间的无比复杂、神秘关系网中的一节，稍有特殊的是这一节关系从发生以来就是十分友好的。随着人类和茶树的成长、成熟，这种友好关系表现形式在各阶段有所不同。

茶树起源于 4 000 万 ~7 000 万年前，人类起源于 200 万 ~300 万年前。茶树在无人类社会活动的影响下完成了起源、进化。到人类能发现并利用茶树时，人类采摘茶树上的芽叶直接咀嚼，先感觉到的是可以接受的苦涩、青草香，随后是解毒、消胀、兴奋等愉悦的感觉，茶树也没有因人类对其枝叶的采摘而渐弱消亡，这一段友好关系天然形成，并在之后得以巩固和发展。

人类祖先对食物的认知由本能的果腹充饥到有选择地进食，再到按记忆食用特定的食物，经过了一个漫长的阶段。这段时期茶树或说自然对人类表现出了友好、恩惠。到人类成长、成熟为认识了环境，并成为环境的主人时，才有了改变环境的主观意识。自此，人类开始栽培、驯化茶树。可以推想，人类的祖先难以采集大树的茶芽叶，其他困难还有恶劣的天气、居住地的远离等等，而已形成的对茶的偏好让采集者明确地要采到茶树的芽叶。因此，祖先们就采摘了大枝的茶树枝干拖回住地，这些大枝干可以遮挡风雨，还可以烧火，得到了很好的利用。这些枝干上可能有发育完全的花果叶，有成熟的茶果落地后生根长出了新苗，这让人类受到了启示，种植开始，人类与茶树的共生关系进入了一个新的阶段。人类为了自己的需要把艰辛的、漂泊不定的采集转成了相对稳定、省力的种植，茶树则借助了人类的力量让自己种的延续更容易，无论人类还是茶树都有了一大进步，生态平衡依旧，人与自然仍然和谐友好相处。人类种植初期，只进行简单的播种后不管理，只盼望其长大或还未长大就把小树苗吃了，这是原始农业漫长的时期。茶树与人类的相互依赖经过原始农业，进入传统农业，又进入集约农业。

4.2.6　茶树的驯化栽培

有关茶树的驯化栽培，流传着一些传说。

传说中，景迈头人召糯腊在傣语中“召”为头的意思，“糯”为发芽的意思，即指他用双手捧着刚发出嫩芽的茶苗，“腊”为茶的意思，其全名意思便是“捧着刚发芽的茶苗并栽下第一棵茶树的头人”。自从他种下第一棵茶树以后，景迈傣族便尊称他为“召糯腊”，一直沿用至今。召糯腊于佛历 458 年(公元前 85 年)4 月 15 日在“丙弓笼”(大坪掌)种下了第一棵茶树，以后每年的 4 月 15 日就成了景迈傣族村民祭茶祖(召糯腊)和祭茶神的日子。

“武侯遗种说”，又称“六茶山遗器说”，是普洱(原思茅)、西双版纳两地流传较为广泛的一个传说。武侯，即三国时期的名相诸葛亮，因南中“大姓”“夷帅”反叛而率军平叛来到云南。六茶山即在今西双版纳景洪、勐腊的六座茶山。据《道光普洱府志·卷二十古迹》记载：“六茶山遗器，俱在城南境，旧传武侯遍历六山，留铜锣于俊乐，置铜错于莽枝，埋铁砖于曼砖，遗木梆于倚邦，埋马橙于革登，置撒袋于曼撒，以此名其山。又莽枝有茶树王，较五山独大，相传为武侯遗种，今夷民犹祀之。”相传，诸葛亮平定南中，蜀军进入滇南，到了勐海南糯山也有传说是到了六大茶山之一的枚乐山，士兵因水土不服而生眼病，孔明一手杖插于山上，遂变为茶树，长出叶子，士兵摘叶煮水，饮之病愈，以后南糯山、悠乐山今就叫“孔明山”。

1991年3月，澜沧拉祜族自治县富东乡邦崴村的一株大茶树，经全国茶叶专家实地考察后得出结论是：这棵大茶树约有千年的树龄，其形态有诸多野生和栽培性状共存的情况，是野生型到栽培型之间的过渡型，它可以证明茶树的起源，最能作为我国先民们驯化古茶树的历史物证。

在澜沧江流域的西双版纳、普洱、临沧、保山和大理都分布着栽培大茶树和野生茶树。普洱市的茶树主要分布在澜沧、景东、景谷、墨江、宁洱、江城等地，西双版纳的茶树主要分布在勐海、勐腊，临沧的茶树主要分布在双江、云县、镇康等地。此外，德宏州的潞西、盈江、瑞丽、陇川等地也有栽培大茶树和野生茶树生存。澜沧自古以来就是布依族、布朗族，哈尼族、拉祜族先民居住的地方，邦崴周围一带最为典型。因而邦崴古茶树的发现表明，至少在千年之前，我国各民族先民就都开始驯化栽培茶树了。

4.2.7　茶从药用到饮用

人类发现利用茶树，是从药用开始的，最初的食用方式自然是鲜食咀嚼。当人们不小心食用到有毒食物时，就需要吃茶，为了满足这种特定需要，人们将茶树鲜叶晒干或晾干备用，需要时可以直接吃干茶，为了好吞咽，用水送服或用水泡软后食用。在漫长的用茶过程，人类发现茶叶还能解腻，提振精神，食用的方式上从鲜食、干食、泡食都有效果，甚至泡食不用吃茶叶，喝泡出的茶汤也有效果，饮用的方式就应运而生了。起初的饮用并非我们现代的品饮，依然是药用。当人类学会用火煮茶，或用不同水温冲泡，或用不同茶量进行尝试，茶汤产生的美好滋味和香气让人感到愉悦，饮茶就开始了。我们同意专门饮茶晚于茶的食用、药用，常见的说法是饮茶始于西汉，我们的祖先发现利用茶树远在西汉以前，再追溯到商周以前也无不可。

有正式文献记载(汉人王褒所写《僮约》)，最早喜好饮茶的多是文人。司马相如与杨雄，都是早期著名茶人。司马相如曾作《凡将篇》，杨雄曾作《方言》，一个从药用角度，一个从文学角度，都谈到了茶。西汉时期，中国只有四川一带饮茶，西汉对茶做过记录的司马相如、王褒、杨雄均是四川人。茶作为四川的特产，通过进贡的渠道，首先传到京都长安，并逐渐向当时的政治、经济、文化中心陕西、河南等北方地区传播；另一方面，四川的饮茶风尚沿水路顺长江而传播到长江中下游地区。从西汉直到三国时期，在巴蜀之外，茶是供上层社会享用的珍稀之品，饮茶限于王公朝士，民间可能很少饮茶。三国时期，东吴地区饮茶确凿无疑，然而东吴之茶当传自巴蜀，巴蜀的饮茶要早于东吴，因此，中国的饮茶一定早于三国时期。茶以文化面貌出现，是在两晋南北朝时期。晋代张载曾写

《登成都楼诗》："借问杨子舍，想见长卿庐"，"芳茶冠六情，溢味播九区"。

唐代煮茶，往往加盐、葱、姜、桂等佐料。吃茶方法由唐代的饼茶、宋代的团茶改为炒青条形散茶，吃茶方式从将茶碾成细末煮饮慢慢转变为把散茶直接放入壶或盏内的方式，这中间应该还遗留有一段烹煮的过渡期。

明代是茶饮从煮饮向冲泡过渡的、饮茶风尚更为普及的一个时期。

茶文化专家关剑平先生以制茶技术的发展变化为基础，根据饮茶方法、习俗以及茶文化精神的递变特征，将中国茶史划分为以下 8 个时期：①公元前 316 年以前的史前期；②从战国后期到秦汉的酝酿期；③以三国两晋南北朝为中心持续至唐代前期的成立期；④唐代中后期至五代的兴盛期；⑤以两宋为中心的极致期；⑥以元代为中心到明代前期的转型期；⑦明代中后期以及清代前期的复兴期；⑧清代中后期开始的国际化期。

4.3 茶生态文明的起始

茶生态文明含茶树原产地研究，各民族先人发现并利用了茶树，有了农耕、茶加工工艺摸索、与外界传播交流的初始，就有了茶文明、茶生态文明、民族茶文化的初始。有了茶生态文明、民族生态文明的特质，就可以上升成为茶文化，成为民族茶文化。以书为证，以树为证，以追根溯源为证。

4.3.1 古老的茶书

茶圣陆羽著《茶经》一书，《神农本草经》有记载关于茶这方面的知识。茶文化起源于人类对茶树的发现与利用、驯化与加工、传播与研究，也包括对茶树原产地的研究。

民族学资料分析茶文化在中国西南地区起始和发源的过程，认为古代百濮民族是最早发现茶并引入家培的民族。

当代的茶学专家吴觉农先生，早年就专论过茶树原产地在中国的西南地区。他毕生致力于茶事业的复兴，著有《茶经述评》等论著，于 1940 年、1941 年分别创立了我国第一个高等学校茶叶系、我国第一个茶叶研究所。

4.3.2 古老的茶源

中国是最早发现和利用茶树的国家，文字记载表明，我们祖先在 3 000 多年前已经开始栽培和利用茶树。然而，同任何物种的起源一样，茶树的起源和存在，必然是在人类发现茶树和利用茶树之前，人类的用茶经验，也是经过代代相传，从局部地区慢慢扩大开来，又隔了很久很久，才逐渐见诸文字记载。人类对茶树的发现和利用，可算作文明古国的又一大发明。

茶文化专家王玲先生从中国茶文化形成发展角度，将古代茶史分为 4 个阶段：①士大夫饮茶之风与茶文化出现的魏晋南北朝时期；②中国茶文化形成的唐代；③茶文化发展的宋辽金时期；④茶文化曲折发展的元明清时期。

4.3.3 古老的邂逅

只有茶树被人类发现利用，才可谈茶文化的发端。3 000 年前的商周时，云南的濮人已种茶，茶自先秦时被古人发现，后人不断加深认知其功能和作用，到魏晋南北朝时，中国人对茶的利用已从药用、食用的实用价值以上升为有内涵、有思想的哲理宗教等精神层面，从而使饮茶成为一种文化现象。

陈椽先生将茶叶发展的历史分为 5 个时期：①从神农时期到春秋前期，作为祭品；②从春秋后期到西汉初期，作为菜食；③从西汉初期到西汉中期，发展为药用；④从西汉后期到三国，成为宫廷高级饮料；⑤从西晋到隋朝，逐渐成为普通饮料，至唐宋遂为“人家不可一日无茶”了。

澜沧江流域流传着孔明传授茶籽、茶技，帮助百姓兴茶生计的诸多故事，典型的一个故事讲的是孔明南征，部队的一部分因途中贪睡而被“丢落”，谐音为“攸乐”，这就是“攸乐”的来源。掉队的兵卒虽追上了孔明，但因违反军规，未被收留。为了他们的生存，孔明赐以茶籽，教授种茶技艺，于是他们形成了攸乐人，攸乐即现在基诺族的别称。史书上没有孔明南征到西双版纳的记录，基诺族祖祖辈辈口口相传着这样的古老故事，奉孔明为茶祖。基诺人深信他们的茶是孔明传授下来的，每年都要举行各种活动，如“茶祖会”、放孔明灯等。现今就有孔明山的地名，攸乐山因茶出名，成为著名的古六大茶山之一。

4.3.4 永恒的灵魂

和谐是茶文化永远的灵魂。自从茶树、茶被人类发现，被运用到人类的日常生活中，茶与人类和谐共进，由此产生了茶文化。追溯茶文化的兴起与发展，是中华民族文明历史进程的一部分。茶文化讲述是人与茶、茶与人、人与人、人与自然之间的关系，它影响着生态的发展和平衡、文化的交流和传播。无论在茶文化兴起的历朝历代，还是茶文化多样化的现代社会，茶都是植入中华民族心底的根。茶生态文明是中华民族茶文化的重要组成，是现代茶产业茶文化发展的重要动力。

4.4 茶的传播

茶的传播首先是茶的输出，包括物质层面和精神层面的输出。物质层面以普洱茶的输出为代表。茶的传播史，分为国内国外两条线路，分别为茶马古道和丝绸之路。南茶马古道，北丝绸之路，是在中华民族的孕育发展中共同发挥重要传播作用的通道，输出茶，以茶为载体传播茶文化、茶生态文明、中华民族茶文化。

4.4.1 融入华夏文明

据传说，公元 180 年，布朗族的祖先帕岩冷带领濮人先民最先种茶。普洱茶源于唐宋、盛于明清，至今已有近 2 000 年的历史；在明代就出现“士庶所用，皆普茶也”的盛况；普洱茶从普洱起步，通过东南亚、南亚的茶马古道被输送到世界各地。

我们想以普洱茶为典型代表，说明原产地的茶树，被先民们发现利用，做成了茶。已发展到有了初加工产品，自给后多余的可以用来交换的时代，最早的一批普洱茶承载着世界茶树原产地的生态文明，走出森林，走出深山，走进内地，与内地进行交流。走出的这条条道路，可以往返交流的路，就是今天说的茶马古道，从茶马古道向外输出、交流，从此茶及所承载的生态文明融入了华夏文明。

4.4.2 行走地球之村

中国茶树首次出访日本，即茶传入日本，远在汉代。但有确切年份记载是唐德宗贞元二十年(公元 804 年)，日本僧人最澄和他的弟子义真，乘遣唐使船到达明州(今宁波)，转赴天台山，学习天台宗教义，次年回国(805 年)，携回天台山和四明山的茶树种子在近江试种茶树；公元 806 年，日本空海禅师来我国研修，也带回茶树种子分种各地。到了宋代，荣西禅师(公元 1141—1215 年)曾两度来到我国研修，直至 1191 年回国，都带回茶树种子在日本各地种植。日本是世界上第 2 个栽种茶树、加工茶叶的国家。

《巴西游记》一书作者于 1817 年写道：“在里约热内卢植物园中有 600 株中国茶树。来到巴西的中国茶农是来自中国内地种茶经验丰富的人。”1812—1819 年，茶被传到巴西，期间一批中国内地茶农也进入巴西。1824 年，茶被输入阿根廷。1848 年，茶由英国东印度公司先后被引进印度和锡兰。至于东非与南非各国，1850 年以后茶才在那里陆续发展。1858 年，中国茶树苗才被大量输往美国。

从时间上看，巴西是世界上第 3 个、美洲第 1 个开创种茶的国家。中国茶曾是“巴西梦”。荷兰、英国、法国、丹麦、瑞典、挪威、普鲁士、西班牙、奥地利、意大利、葡萄牙都曾经加入购茶的行列。茶叶是中西贸易中的关键性商品，丝绸之路上弥漫着令人着迷的茶香。茶，已经不再是一片简单的叶子和一类植物，而是一种富有生命力的文化，代表着中华茶文化与世界文化的交融，是一种和谐精神的体现。

4.4.3 茶是文明最好的载体

茶从人类对它的物质需求起始，成为人类不可或缺的食物，与人类相伴几千年。在不断发挥其物质价值的同时，茶也承载了丰富的人类精神财富。可以毫不夸张地说，茶是深刻影响世界的中国植物。

从物质层面来看，现今，全球产茶国家和地区达 60 多个，饮茶人口超过 20 亿。人类对茶的需求还在扩大中，为了满足这样的需求，人类投入了大量的人力与智力，因此，所形成茶的物质形态，汇集了各学科领域的智慧。

从精神层面来看，孕育阶段的少数民族初始茶文化，到博大精深的中华茶文化，再到广博的世界茶文化，表达了人类以茶为介质，创造、凝聚、传播、融会茶的文化世界。

茶是文明的“助推者”，当人类面临什么可以吃、什么不可以吃的蒙昧，茶为人类解毒、解腻，推进了人类对食物的认知；当高寒地区的游牧民族摄入高热量的脂肪、燥热的糌粑，茶叶帮助人们分解脂肪，防止燥热，茶既是游牧民族的必需品，也是连接农耕民族与游牧民族相互支持、和谐发展的“文明之桥”；当英国工业革命累垮了流水线上的工人时，奶茶给他们以喘息的机会和能量的补充，使工业文明得以前行；波士顿倾茶事件，打破了大英帝国的殖民统治，助推美国独立和西方的“民主自由”；现今，中国倡导的“生命共同体”，正是以“和”为核心的茶文化精神，它是中华文明的宝贵精神财富，世界和平发展的主旋律。

5 澜沧江孕育茶文明

有关澜沧江流域是世界茶树起源核心地带的提法，尚无可靠的科学依据确证。我们相信随着现代科技进步，科研人员将会通过研究这里的古茶树资源，从宏观、中观和微观的不同角度，论证茶树的起源和演化传播过程。无论茶树是否起源于澜沧江流域，可以肯定的是，人类来到澜沧江流域之前，茶树已经在此繁茂生长，还可以肯定的是这里是现代世界古茶树资源分布的一个突出中心。在人类活动的近万年以来，茶树从澜沧江流域源源不断地向外传播，充实了人类发现利用茶树、茶文明的开端，只是还处于孕育和萌芽状态，随着人们利用水平的提高，这种文明逐渐传播开来。人类发现利用茶树过程本身就是原生态的文明，她不像大江大河那般汹涌澎湃奔腾向前，她更似一棵大树，向上、向周边生长，逐渐变得枝繁叶茂、勃勃生机、光芒四射、璀璨辉煌，照耀着中华大地、庇护着中华民族。树要扎根大地，吸取土壤的养分和水分，供给主干枝叶，又靠绿叶进行光合作用，让自身不断长高长粗。若把中华民族茶文化喻成大树，澜沧江流域内茶文化的聚集就是这棵大树的根系统，根输出养分和水分，经过树干供给树冠成长壮大，也接受树干枝叶光合作用制造的养分供给，自身也在成长壮大，随着社会的发展进化与外界形成有机整体。

5.1　澜沧江流域拥有发达的史前文明

5.1.1　傍水而居的华夏先人

大江大河流域往往是人类文明的孕育地。与人类生存用水密切相关，人类早期文明多沿大江大河流域分布。如：尼罗河与古埃及文明；恒河与古印度文明；底格里斯河、幼发拉底河与“两河流域文明”（古巴比伦与古希腊）；长江、黄河与华夏文明。

作为世界十大河流之一的澜沧江，它在中华文明的形成中发挥了怎样的作用呢？翻阅澜沧江的相关资料，展现在我们面前的是澜沧江流域发达的史前文明画卷，澜沧江从青海发源，流经国内的每一个地方都留下了史前人类文明，也就是我们华夏先人的遗迹。

5.1.2 三江源头是中华文明之源

澜沧江的发源地青海，在中国具有特殊的生态重要性，它是长江、黄河、澜沧江的源头。因此，从全球视角来说，它是名副其实的“中华水塔”。无论是长江文明、黄河文明，还是澜沧江文明，于民族、国家的形成，包括古老的中华民族生态文明的形成，青海都具有至关重要的作用。青海的三江源很早就是人类文明的重要发祥地。考古发现的石斧等很多史前的原始用具都可以证明，此处很早就有人类活动。青海的喇家遗址是新石器时代遗址，已列入第五批全国重点文物保护单位，它表明丝绸之路的商贸活动早在 4 000 年前就已经很发达了。青海作为三江源头，特殊的地理优势让这里也成为中华文明的重要源头。

据不完全统计，澜沧江流域有丰富的人类活动遗迹，顺江而下，具有代表性的考古发现有西藏昌都的卡若文化遗址，位于澜沧江畔，为川、滇、藏三地的枢纽，又是古代南北方民族的交通要道之一，可以帮助今人了解古代西南民族的迁徙、分布的某些环节，已列入第四批全国重点文物保护单位。

5.1.3 流域中下游富集史前文明

在云南境内的澜沧江段，流经的每一个州(市)都留下了史前人类的足迹。

(1) 仕达遗址

仕达遗址位于云南迪庆的香格里拉市金江镇仕达村民委员会片瓦自然村，面积约 8 000 m^2。属新石器晚期文化，是介于新石器时代晚期至青铜时代早期的古遗址。仕达遗址的发现填补了迪庆早期聚落遗址的空白。

(2) 玉水坪遗址

玉水坪遗址位于云南怒江的兰坪白族普米族自治县通甸镇玉水坪村。属新石器时代文化。玉水坪古人类文化遗址的发掘，是迄今为止怒江境内的重大考古发现，具有里程碑意义。该遗址的发掘，将当地有人类活动的历史至少往前推了 6 000 年，并为研究澜沧江流域的人类活动和考古学文化提供了重要资料。

(3) 象鼻洞旧石遗址

象鼻洞旧石遗址位于云南大理剑川县，是云南省境内首次发现既有洞穴堆积又有露天堆积的旧石器时代文化遗址，距今至少有 10 000 年。它的发现不仅为了解和研究当时大理地区古人类生活方式和文化提供了十分宝贵的材料，也对澜沧江流域史前文化的对比研究具有十分重要的意义。

(4) 三岔村遗址

三岔村遗址位于大理云龙县苗伟乡表村村民委员会三岔自然村东南二级台地

上。属新石器中晚期遗址。此处大量文物的发现，展现了澜沧江流域的古代文明。

云南境内澜沧江流域石器时代的遗址还包括白羊村遗址、新地梁子遗址、忙怀新石器遗址等，它们都是这一时期人类活动的见证，展现了澜沧江史前灿烂的文明、悠久的历史。

5.2 澜沧江流域的先民率先发现利用了茶树

5.2.1 原产地核心地带

在茶树原产地茶果成熟裂开，茶籽落地，萌发长成树，再长成一片一片的茶林，古茶树相对密集生长分布在澜沧江流域内。近 1 万~1.5 万年看，无大的地质变动和气候变化、没引起物种分布上大的变动。茶果个体大，又无动物喜好的滋味，不适宜动物传播，更大的可能是顺江水漂流而传播，或是澜沧江流域的人群先发现利用了茶树，并加以传播。在流域内，在江边，有了茶树，有竹，有泥土，有石，何时有人类活动就有可能发现利用茶树。人类发现利用茶树，应首先是咀嚼茶叶，吃了，记住了，就有了贮存、加工、驯化。从发展到交流，才是茶文化的发端。推断是这里的人群先发现的，理由是只有这里有集中成片的各式大茶树，才有被发现利用的可能，只有发现利用发展到一定阶段，才有传播、交流的可能。我们想说明澜沧江流域是茶文化的起点和发端，孕育的是中华民族茶文化的萌芽。

5.2.2 澜沧江流域的先民

茶是一个自然物，在与人类建立联系之前，无所谓文化。人与茶相遇，人茶相识，人发现茶的价值，对其进行驯化、栽培、利用，这是茶文化的开端，也是茶文化的本源。全球的一切茶文化均发源于澜沧江流域。在这里，我们找到了最先驯化栽培茶树的澜沧江先民。

澜沧江由东北角的迪庆进入云南，从西双版纳流出变为湄公河。澜沧江流域是孕育、产生、传播茶树物种的第一渠道。澜沧江流域古滇人群是发现和早期驯化茶的“神农”。

从人类历史研究的结果看，澜沧江流域活动的先民(或许是叫“古濮人”)，与“神农”尝百草时期是吻合的。作为澜沧江流域活动的先人，与流域内生长的茶相遇，这是人类最早认识茶的最符合逻辑的推断。澜沧江流域内有多个民族与“古濮人”有渊源。从分布以及他们与茶的关系，可以追溯到民族族群与古茶树群落聚集的实证。

5.2.3 各民族有关“茶”的语言文字分析

文化特质表现在衣、食、住、行上，表现在茶俗、茶礼、茶事上，其都可以因环境的改变而改变，仅在语言上有某种不易改变的传承性。

在澜沧江流域18个少数民族中，最传统的16个自治县内的少数民族，有8个少数民族对“茶”的基础发音是“腊(* la)”(表5.1)，而据人类语言学研究的结果，“茶”的最早源头就是彝缅语的 * la。由此，我们推论，澜沧江流域的少数民族首先发现利用了茶，并将茶传播到内地，由“腊(* la)” 形成汉字“茶(cha)”；茶又由福建等地通过海上丝绸之路被传播到国外，形成“tea”的发音。

表5.1　澜沧江流域云南段各民族“茶”字发音

州(市)	澜沧江流域民族自治县	自治民族	“茶”的发音基调
迪庆藏族自治州		藏族	cha
	维西傈僳族自治县	傈僳族	腊(* la)
丽江市	玉龙纳西族自治县	纳西族	腊(* la)
怒江傈僳族自治州		傈僳族	
	贡山独龙族怒族自治县	独龙族、怒族	
	兰坪白族普米族自治县	普米族	
大理白族自治州		白族	cha
	漾濞彝族自治县	彝族	腊(* la)
	南涧彝族自治县	彝族	腊(* la)
	巍山彝族回族自治县	彝族	腊(* la)
		回族	
临沧市	耿马傣族佤族自治县	傣族、佤族	腊(* la)
	沧源佤族自治县	佤族	腊(* la)
	双江拉祜族佤族布朗族傣族自治县	拉祜族、佤族、布朗族、傣族	腊(* la)
普洱市	宁洱哈尼族彝族自治县	哈尼族	腊(* la)
	景东彝族自治县	彝族	腊(* la)
	镇沅彝族哈尼族拉祜族自治县	彝族、哈尼族、拉祜族	腊(* la)
	景谷傣族彝族自治县	傣族、彝族	腊(* la)
	澜沧拉祜族自治县	拉祜族	腊(* la)
	江城哈尼族彝族自治县	哈尼族、彝族	腊(* la)
西双版纳傣族自治州		傣族、基诺族	腊(* la)

5.3　澜沧江流域茶文明聚集

在澜沧江流域，最集中分布着古茶树、古茶树群落；多个民族围绕着古茶树和古茶树群落聚集，形成了各民族丰富多彩的茶事、茶俗、茶礼，从而最早出现了民族茶文化现象聚集。这些茶文化现象聚集，孕育出了中华民族茶文化的萌芽。

5.3.1 澜沧江流域接纳孕育了茶树

澜沧江流域是茶树原产地的核心地带。数不清的古茶树、茶树群落是自然赐予我们的恩惠，与茶树的起源相比，人类发现、利用茶树的万年历史微不足道。澜沧江流域蕴藏着世界上独一无二的原生态文明系统，这个文明系统里包含着古老文明的活态的遗迹，古茶树即这一文明遗迹的见证。澜沧江流域文明的灵魂是古茶树及其古茶树生态群落。有粒茶籽慢慢萌发出土长成了幼苗、长成了大树、开花，结果，落地，又长成一片新的茶树森林。随着自然变迁慢慢漂移，铺满了我国的西南地区。直到我们的各民族祖先发现利用它，直到茶文化现象聚焦，茶文化开始萌动。

5.3.2 族群利用茶围绕茶树居群展开

澜沧江流域内的人群率先发现利用了茶树。村村寨寨无不围绕茶树生态群落展开，或创建一片茶树的生态群落。有了这些居群或群落，了解了茶树的基本生态，人们可利用石、竹、泥土塑造成各种盛具，并逐渐扩大了对茶的利用、驯化、传播。那就是可以煮茶、喝茶，一旦与饮食茶分开，茶文化就开始了。茶文化起始的特点一是有目的的种子繁殖，驯化以及携带种子迁徙；二是吃茶为果腹与喝茶(也可咀嚼)，与为提神或药用分开了；三是加工茶为了贮存或交换。这些人群就是多民族先民初利用加工、驯化、输出或传播，上升为各民族的茶事、茶俗、茶礼。开始有民族茶文化现象聚集。澜沧江流域多民族人民与茶树相携、共生、共同进步，形成了一些初始的、有地域民族特色的茶文化现象聚集。这种茶文化现象聚集围绕着的内核是流域内数不清的茶树、古茶树群落。不同民族种群围绕古茶树、大茶树群落发生的茶事，发展聚集为最初始的茶文化现象。

茶马古道开始了简单的贸易，并且随着内地汉人的融入，澜沧江流域内的民族茶文化得到了更大的聚集，从少数民族小范围利用茶，发展到在中国这片广袤肥沃的土地上，再拓展到世界，茶文明的形式和内容都丰富起来。古茶树、古茶生态系统说明了这些茶文化现象聚集的初始、创世、根基性质，孕育、滋养了中华茶文化，更促成地域性民族初始茶文化自身成长壮大为中华民族茶文化的重要组成部分——根系部分。中华民族茶文化枝繁叶茂靠根部输送营养，也回送能量让根系更加强壮，扎得更深更广，让中华茶生态文明之树更加根深叶茂。

5.3.3 生态群落和而不同

在澜沧江流域围绕古茶树群落有讲不完的故事。以茶相认，各民族种群与各茶树居群组成的生态群，和而不同。信仰方面，也各自有所保留，从藏传佛教到上座部佛教，从东巴教到天主教。山高路远，谷深水长，即使不通过语言交流也可以共同生存发展。那些生态族群间隔并没有传说中的遥远，每翻越一座山，就有新的风土人情，但不同的民族终可以在火塘前一起用一杯茶。

5.3.4 以普洱茶为典型代表的生态群聚集

普洱茶现在是云南省地理标志保护产品，其主产区有普洱、西双版纳、临沧、保山。普洱茶从古到今一直是澜沧江流域内、省内、国内、国际上各民族人群共同的认知。

现在普洱市是具有“一市连三国、一江通五邻、一脚踏三边”的州市，与越南、老挝、缅甸三国接壤。澜沧江-湄公河贯通市内五县区，并流经老挝、缅甸、泰国、柬埔寨、越南五国。普洱地处中国—东盟自由贸易区大湄公河次区域合作的中心位置，西连孟中印缅经济走廊，南融中国—中南半岛(中新)经济走廊，东连滇中产业新区，不仅衔接长江经济带，还是“一带一路”的核心节点之一。

西双版纳位于云南省最南边，东南部、南部和西南部分别与老挝、缅甸相连，下辖一市(景洪市)两县(勐海县、勐腊县)，1993 年被联合国教科文组织接纳为生物保护区成员，为世界少有的动植物基因库。

5.4 澜沧江流域织就茶马古道网络

5.4.1 开启茶文明之旅

如果说茶只是澜沧江流域少数民族发现和利用的一种植物，那么它就和千千万万的人类利用的植物一样，成为部分人在特定区域利用的小众植物。而茶这种植物，在人类起初用于解毒后，发现它还能解腻、解渴、提神，把它用作食品和饮品。对于以狩猎肉食为生，或辅以植食的先民而言，茶的解腻是革命性的，注定成为先民的生活必需品。然而，这也改变不了茶的“小众植物”的身份，因为那时的人们活动范围有限。随着时间的推移，人类种群的扩大，人类使用工具从人力工具到畜力工具再到自然力工具，生产力得到了不断提高，人类活动范围也有了根本性的改变。

“茶”这种被澜沧江流域原住民推崇的植物，通过“茶马古道”向中原(内地)大量传播开来。因此，我们说茶马古道开启了澜沧江流域茶文明之旅。

5.4.2 最古老的网络

查百度百科，可以看到茶马古道的解释：“茶马古道是以茶马互市为主要内容的古代商道，历经汉、晋、隋、唐、宋、元、明、清，是历史上内地和边疆地区进行茶马贸易所形成的古代交通路线，是中国西南民族经济文化交流的走廊。”

因康藏属高寒地区，海拔都在三四千米以上，糌粑、奶类、酥油、牛羊肉是藏族群众的主食。在高寒地区，需要摄入热量高的脂肪，但没有蔬菜，糌粑又燥热，过多的脂肪在人体内不易分解，而茶叶既能够分解脂肪，又防止燥热，故藏族群众在长期的生活中，创造了喝酥油茶的高原生活习惯，但藏区不产茶。而产茶多在西南山地，民间役使和军队征战都需要大量的骡马，但供不应求，而藏区则产良马。于是，具有互补性的茶和马的交易即“茶马互市”便应运而生。这样，藏区出产的骡马、毛皮、药材等和内地出产的茶叶、布匹、盐和日用器皿等等，在横断山区的高山深谷间南来北往，流动不息，并随着社会经济的发展而日趋繁荣，形成一条延续至今的“茶马古道”。

就澜沧江流域而言，茶的输出，改变了流域内各民族的生活，同时，建立了各民族与茶的依存关系，从精神上渗透到了很多民族的精神、民俗和社会关系中。

中原有长江、黄河文化，云南有三江文化。黄河流域曾经生活着多个民族，最后都大同于汉民族，然而在云南，却从未出现一个像汉族这样的强势文化民族，这导致了现在多民族沿江和谐共处。高原人民将他们的蜜蜡、宝石、金银、兽皮、虫草当作茶的交换物，再由马帮带回，积累成财富。于是就这样，春夏秋冬，南来北往，久而久之形成了独有的马帮文化。追根溯源，这一路上的恩惠，全来自澜沧江。

茶马古道不仅开启了西南边疆与内地的经贸文化交流，同时，它也是中国历史上最为著名的西部国际贸易古通道之一。

5.4.3 最新的名称和用途

茶马古道道路系统是以古茶树、古茶山(园)的密集分布区域为起点的，而茶马古道的主干线贯穿了澜沧江流域。“茶马古道”之名称启用不过20多年吧，马帮、茶马古道也早已成为历史。无论新用还是故去，都因研究澜沧江流域内茶生态文明而起。古茶树、古茶山(园)是茶马古道上唯一活着的见证物，无论从自然科学还是社会科学的角度研究茶与茶马古道的关系，都将呈现茶马古道文化遗产的鲜活文化价值，古茶树、茶是茶马古道文化遗产中活的“灵魂”。研究古茶树(园)与茶马古道的关系，在于对历史文化的保护和传承，只有古茶树(园)是从古至今“阅尽”古道沧桑，唯一活着的“历史书”，人类可与之对话。有茶向外传播，茶马古道是最早的茶传播路线，反证这里是茶的发源地，也是民族茶文化的摇篮。茶马古道上古道路、古民居、古村落、古镇、古寺院均可兴建毁损，修旧如旧，唯古茶树(园)不可复制。若没了源头的古茶树(园)、古茶，只能说那是一段古道，没了茶马的意义。

东方文明的主体包括中华文明和印度文明。两种文明相互吸收，也不失独特个性。印度佛教文化、艺术等向东渗入中华文化区，中华文化的丝绸、茶叶、瓷器等渗透到印度文化中，在漫长的文化交融中，“茶马古道”发挥了至关重要的作用。在众多的道路中，中国与印度交流最近的线路就是穿越滇、藏、川“大三角”地带的茶马古道，它形成的历史大约有2 000多年，是连接两地域文化的纽带。

6 澜沧江流域古茶与民族群落聚集

中华人民共和国成立70多年来，各民族群众结成了平等、团结、互助的社会主义民族关系，55个少数民族真正变成了中华民族的一部分。在中国共产党的领导下，一些中华人民共和国成立前社会形态尚处于原始社会末期、奴隶制度或封建农奴制度下的少数民族，在几十年里跨越了数百年乃至数千年的历史鸿沟，进入了现代社会主义民族大家庭，就是现在说的“直过民族”。中国民族成分最多的是云南省，全国56个民族中，云南有26个世居民族，15个民族为云南特有，人口数均占全国该民族总人口的80%以上。云南26个世居民族是：汉族、彝族、白族、傣族、拉祜族、哈尼族、佤族、傈僳族、回族、布朗族、藏族、纳西族、普米族、德昂族、壮族、苗族、瑶族、基诺族、景颇族、怒族、独龙族、蒙古族、满族、阿昌族、水族、布依族。他们在澜沧江流域内几乎都有分布。

各民族优秀传统文化是中华民族优秀文化的重要组成部分，尊重、保护和传承少数民族的优秀传统文化有利于增强中华民族的凝聚力和生命力。发扬少数民族优秀传统文化，有利于发展中华民族文化的多样性，促进我国文化的大发展大繁荣。

我们梳理了澜沧江流域内20多个民族的民族茶文化的发生、发展基本脉络，着重介绍这20多个民族与茶的故事。用田野调查、社会调查、走访、专访、查阅文献等方法，重在从表象向上追溯，归纳分析，求证这片流域上所发生、发展、形成的民族茶文化现象的聚集是今天中华民族茶文化的重要组成部分，是中华茶生态文明这棵大树的根系统。

6.1 澜沧江流域沿江民族分布特点

自古以来，种族族群在形态上都具有多样性，这与他们居住生活环境的多样性有关。在澜沧江流域内多种族群先民与茶相遇，千百年来造就了多样的各具特色的民族茶文化。

6.1.1 交错杂居，和谐共处

发源于青藏高原唐古拉山脉的澜沧江在云南省境内是长 1 240 km 的水路，流域范围覆盖迪庆藏族自治州、怒江傈僳族自治州、大理白族自治州、保山地区、临沧地区、思茅地区和西双版纳傣族自治州等 7 个地州、39 个县市。其中民族自治地占 71%。世居民族中，共有彝族、白族、傣族、拉祜族、哈尼族、佤族、傈僳族、回族、布朗族、藏族、纳西族、普米族、德昂族、壮族、苗族、瑶族、基诺族、景颇族 18 个民族，占澜沧江流域总人口的 47. 4%。多民族小聚居、大杂居，大杂居、小集中，是流域内民族分布的基本特点。

6.1.2 近水而居，沿水而下

在漫长的历史发展过程中，各民族经过不断的交流、融合与分化，并以各自的生产生活方式为基调，形成了同一民族大分散、小聚居，有规律分布的现状。汉族地区有少数民族聚居，少数民族地区有汉族居住。同一地区不同民族交错杂居，和谐共处。这种分布格局是长期历史发展过程中各民族间相互交往、流动而形成的。

澜沧江流域的先民，与长江、黄河流域的先民一样，都是人类早期的族群，他们近水而居，沿江河而下，逐渐在三大江河流域繁衍生息扩散开来，形成了不同的流域文化。澜沧江流域因地理环境造成天然山高水险、森林密布，数不清的地域气候小环境中都有茶树生存，也有丰富多样的适人类生存的环境。这是多样的人类种群风格中都有茶存在的原因，也是茶文明的成因。长江、黄河两流域所覆华夏地域辽阔，适合种植、农耕、畜牧，诸项因素使该区域能较快进入农耕文明及工业文明。

发源于青、甘、陕、川的黄帝的后裔羌人南下，与发源于当地的百越、佤、崩龙、克木人相互融合演化，形成了 20 多个不同种群，各自的族源、族称、文化内涵(包括宗教信仰、衣食住行、语言文字、传统体育项目)、民俗特征明显。随着社会的进步，生存环境的改变、改善，各民族与外界交流交往，逐渐同化融合，最终趋向大同。

6.1.3 异彩纷呈，以茶相认

澜沧江发源之地青藏高原主要是藏族同胞居住地。澜沧江流出迪庆藏族自治州后，第一个流经的地方是怒江兰坪白族普米族自治县，后又从兰坪进入大理云龙县；而保山市、临沧市一带，便是它的中游。在此，澜沧江化作一条分界线，界限以东的居住者是沿江南下的氐羌后裔彝族、白族、纳西族、普米族等，而西边则是从西部迁徙来的百濮人后裔德昂族、佤族、布朗族。还有从东部逐步迁徙过来的百越人后裔壮族和傣族，以及从长江中下游慢慢迁徙来的苗族和瑶族。澜沧江流入普洱市，就进入下游地带。下游地带包括云南省普洱市和西双版纳傣族自治州。普洱市居住着哈尼族、拉祜族、佤族、傣族等 18 个少数民族。而在西双版纳傣族自治州除了傣族外，也居住着哈尼族、彝族、布朗族、基诺族、苗族、瑶族等多个民族。澜沧江一路哺育了许多民族。他们同饮一江水，同种一种茶树，相互依存，相互融合，孕育了澜沧江流域独有的多民族生态文化和多民族茶生态文化。

6.2 澜沧江上游高寒段的民族与茶

澜沧江自青藏高原奔腾而下，进入云南境内“三江并流”区域。该地区跨越丽江市、迪庆藏族自治州、怒江傈僳族自治州 3 个地州，区内汇集了高山峡谷、雪峰冰川、高原湿地、森林草甸、淡水湖泊、稀有动物、珍稀植物等奇异景观和丰富资源。16 个民族聚居于此，是世界上罕见的多民族、多语言、多种宗教信仰和风俗习惯并存的地区。这里多民族各自有独具本民族特色的茶饮、茶俗、茶礼，也有多民族认同一种茶，用多种饮用方法喝一种茶、诠释一种茶的特点。

澜沧江上游，生活着青藏高原上的羌族、撒拉族、藏族，云南省的普米族、独龙族、怒族、傈僳族、纳西族、回族、彝族及永德的俐米人。多个民族与茶的特色归集是：可以不栽种茶树、不做茶，但不可以一日无茶。他们喝茶多为御寒、解腻，多喝加奶加热的奶茶、熬煮茶、烤茶。这样的茶俗显然与这些民族世代居住环境有关。

6.2.1 羌族

6.2.1.1 族称

羌族自称“尔玛”，意为“本地人”。羌，狭义为中国古代西部民族名称，广义为中国古代西部游牧民族泛称。

6.2.1.2 族源

羌族可溯至 3 000 多年前的左羌人。早在 3 000 年前，殷代甲骨文中就有关于羌人的记载，他们主要活动在中国的西北部和中原地区。仰韶文化末期(约公元前 3 000 年)，黄河流域出现了炎、黄两大部落。传说炎帝姓姜，而“姜”和“羌”是同一字分化出的两个形体，在甲骨文中经常互用。历史学家徐中舒考证认为，羌族是中国西部地区最原始的部落之一。至今在四川茂县松坪沟，羌族聚居地仍有其始祖是秦始皇的说法。自汉代以来，羌族先人多归属中原王朝管辖，其中大部分逐渐同化于汉族和藏族，一部分得以保存下来，形成了今天的羌族。

6.2.1.3 民族茶事

(1)茶文化

茶文化有经典名句“神农尝百草，日遇七十二毒，得荼而解之”。传说炎帝就是神农，也有传说神农就是羌人的首领，还有考证说云南的一些善茶的民族也是羌人的后裔。从今天羌族的较集中分布在北川、茂汶一带看，茶农有祭山的传统，茶树种植及手工制茶都很讲究，其精耕细作，竟是数万年来人类与茶树相遇相携共进的遗续遗泽。

(2)茶饮茶俗

①罐罐茶：先将茶罐在火塘上烘热，加一勺油，烧开后移到边上放凉片刻，再放入一勺白面。同时，将香仁或桃仁捣碎放入罐内，再移到火塘上翻炒，炒好后用竹筷搪于罐壁，再添油烧热，加入细嫩茶叶和少量食盐翻炒，等散发出浓郁的茶香，加入水煮沸后斟入茶盅即可饮用。这种茶俗重在饮用。

②面罐茶：备两只大小不等的瓦罐，大罐煮水，加盐、葱、姜、花椒，放火塘上煮沸，把凉水调好的面浆兑入罐内煮熟；把晒青茶或紧压茶放入小罐内加水用文火熬煮，茶汁兑入面罐，再分装到小碗，加入炒好的腊肉、核桃、花生米、豆腐和鸡蛋等佐料。这种茶俗本就是羌族的食俗，重在食用。

(3)特色点评

羌族茶文化由羌民族饮茶习俗、茶山祭祀、种植茶、手工制茶等部分组成。梳理各民族茶事、茶俗、茶礼时会印证出有些民族是从羌族分化来的，如多个民族茶饮用罐罐茶。罗列民族的渊源、文化、民俗加以比较并得出看法是研究的可行之路，就是太浩繁，还是以茶相认来得简捷、友好。

6.2.2 撒拉族

6.2.2.1 族称

撒拉族自称“撒拉尔(Salar)”。简称“撒拉”。中华人民共和国成立后，正式定名为“撒拉族”。

6.2.2.2 族源

撒拉族是古代西突厥乌古斯部撒鲁尔的后裔，原住在唐代中国境内，后西迁至中亚。撒拉族先民过着游牧生活，于700年前从中亚撒马尔罕一带迁徙至今青海循化，现主要聚居在黄河沿岸的青海省。撒拉族男儿多以上山伐木、下河板筏为生。养蜂是撒拉人最喜爱的副业，园艺也是他们的特长。

6.2.2.3 民族茶事

(1)茶文化

如同藏族等民族的饮茶习惯，茶是用来御寒、解腻的，当然也是补充水分和营养的。奶茶和麦茶是颇受撒拉族男女老幼青睐的饮料，家家都有火壶和盖碗，制作各种茶饮，自用与待客。讲究之处是加糖、用精美高贵的杯具来盛装。

（2）茶饮茶俗

撒拉族茶饮品种非常丰富，茯砖茶、麦茶是撒拉族最喜欢的茶，其他如果叶茶、霍斯茶（核桃仁茶）、果子露、蚂蚁草茶、盖碗茶等，也都是他们喜爱喝的茶品。麦茶的出现是由于过去茯砖茶对于居住在西北山乡的撒拉族、回族等少数民族而言价格昂贵，因此人们就地取材自制茶饮，此茶十分有创造性。

到撒拉族人家中做客时，主人会敬上种种香茶，按照客人需要在茶中加入不同的辅料。若是饭后，则敬麦茶，生津止泻、促进消化。季节变换时，茶饮也会做出调整，冬春季喝茯茶，茯茶性温，饮之增暖；夏秋季则奉细茶，清凉解热。

①麦茶：将麦粒炒焙半焦捣碎后，加盐和其他配料，以陶罐熬成，味道酷似咖啡，香甜可口。

②三炮台碗子茶：下有底座（碗托）、中有茶碗、上有碗盖的三件一套的盖碗，因形如炮台，故称“三炮台碗”。喝三炮台碗子茶时，一手提碗，一手握盖，并用碗盖随手顺碗口由里向外刮几下，这样一则可以刮去茶汤面上的漂浮物；二则可以使茶叶和添加物的汁水相融。如此，一边啜饮，一边不断添加开水，直到糖尽茶淡为止。由于三炮台碗子茶有一个刮漂浮物的过程，因此，又将其称为“刮碗子茶”。

③果叶茶：是用晒干后炒成半焦的果树叶子制成的，饮用别具风味。

④蚂蚁草茶：是用蚂蚁草制成的。蚂蚁草是一种开黄花、细碎似蚂蚁的小草。把蚂蚁草采下来晒晒，小火炒干，放在陶罐里煮到有茶色时就可以饮用了。

（3）特色点评

撒拉族做肉食、面食极其讲究，肉、面食御寒，但少不了茶饮解腻，以抵御游牧、迁徙的艰辛。饮茶为消食解腻是撒拉族茶文化的一大特点。撒拉族及其文化有极强的生命力，撒拉族先民起初人数极少，然而，撒拉族不仅未被相邻的大民族融合，反而把周围的回族、汉族、藏族等民族文化吸收过来，成为一个具有多民族文化特点的民族共同体。

6.2.3 藏族

6.2.3.1 族称

“藏”为汉语称谓，藏族自称“番”（藏语音为“博巴”）。藏语对居住在不同地区的人有不同的称谓：居住在西藏阿里地区的人自称为“堆巴”，居住在后藏地区的人自称为“藏巴”，前藏地区的人自称为“卫巴”，居住在西藏东境、青海西南部和四川西部的人自称为“康巴”。藏族他称亦很多：唐宋时称“吐蕃”，元代称“吐蕃”“西蕃”，明清时期称“西蕃”“图伯特”“唐古特”“藏蕃”“藏人”等。

6.2.3.2 族源

据考古发现，早在 4 000 多年前，藏族的祖先就在雅鲁藏布江流域繁衍生息了。据汉文史籍记载，藏族属于两汉时西羌人的一支，与当地土著民族融合而发展成为今天的藏族。藏族的先民们像许多经历石器时代的先民一样，经过群居采集、狩猎生活阶段，逐步学会了畜牧和农耕。吐蕃时期松赞干布在位期间，锐意修好唐廷，吸收唐朝的先进生产技术和政治文化成果。吐蕃赞普松赞干布于公元641年迎娶了唐朝的宗室女文成公主。

在云南澜沧江上游的迪庆高原上，居住着10万迪庆藏族，他们和西藏藏族虽然保持着相同的宗教信仰，但在生活方式、文化特征上已有很大的差异。新的政治、经济、文化等名词，在这里几乎全部借用汉语，而在地名称呼上，则多借用彝族、白族、傈僳族等民族的词汇。

6.2.3.3 民族茶事

(1)茶文化

藏族是热情开朗、豪爽奔放的民族，藏族人民有俗语称“加霞热、加察热、加梳热”，翻译成汉语就是：茶是血，茶是肉，茶是生命。同是为了御寒、解腻，藏族品饮茶的用具多为做工精美的金、银、铜器皿，显得高贵奢华。

(2)茶俗茶饮

藏族饮茶方式主要有酥油茶、奶茶、盐茶、清茶，酥油茶是其最受欢迎的饮用方式，其次是奶茶。

①酥油茶：酥油茶是每个藏族人每日不可缺少的饮品。藏族家里一天至少要饮3次茶，多可达十几次。将茶叶汁加酥油、食盐和精制香料，用茶杆在茶桶中搅拌成水乳交融状，即成酥油茶。酥油茶滋味多样，喝起来甘中有甜，咸里透香，具有暖身御寒、补充营养的作用。酥油茶里的茶汁很浓，有提神醒脑、生津止渴的作用。

藏族人把茶叶看作珍贵的礼品。藏民结婚必须熬出大量色泽红浓的酥油茶来招待宾客，并要由新娘亲自斟茶，以此象征幸福美满、恩爱情深，这种古朴的风俗一直沿袭至今。

②奶茶：奶茶也是藏族人民喜爱的饮料，待客的必需品。制作方法是用紧压茶捣碎后，放入锅里熬煮，待茶水变成深红色时，滤掉茶末，倒入牛奶，并加一些食盐煮开即成。

藏民生活在西藏高原牧区，缺少新鲜蔬菜和水果，主食牛、羊肉。藏族人民将酥油或奶与茶同饮，实在是一种简便有效的防病保健手段。藏族饮茶时讲究长幼、主客之序。客人饮茶不能太急太快，一般以3碗为最吉利。

(3)特色点评

藏族悠久的历史，形成了深厚的文化积淀，与中原接触较早，最有意义的民族茶文化特色就是文成公主进藏时携带着茶还有茶籽的传奇。藏族茶文化发生早，发展快，起点高。

6.2.4 傈僳族

6.2.4.1 族称

傈僳族既是他称也是自称。这一名称最早见于唐朝时期的著述。唐朝人樊绰在《蛮书》中称之为“栗粟”，认为傈僳族是当时“乌蛮”的一个组成部分。傈僳族和彝族、纳西族在族源上关系密切。

6.2.4.2 族源

傈僳族源于古老的氐羌族系，与彝族有着渊源关系。1954 年 8 月，怒江傈僳族自治区建立，包括泸水、碧江、福贡、贡山等县。1957 年 1 月改为自治州，并将兰坪县划入建制。1986 年 9 月，经国务院批准，撤销碧江县建制，分为两部分划归泸水县和福贡县。同时，人民政府为充分保障傈僳族人民的政治生活权力，还在丽江、大理、迪庆等地区设置了傈僳族乡。

6.2.4.3 民族茶事

(1)茶文化

丽江华坪永兴傈僳族乡种茶，数千亩云南大叶种茶园位于乌木河畔高山云雾中，生产现代名优绿茶乌木春。

(2)茶俗茶饮

傈僳族有丰富的茶饮，常见的有油盐茶、龙虎斗茶酒、雷响茶、麻籽茶、酥油茶等。

①油盐茶：傈僳族从古至今有喝油盐茶的传统。油盐茶，傈僳语为“华欧腊渣渣”。其做法是将小陶罐在火塘(坑)上烘热，然后在罐内放入适量茶叶，在火塘上不断翻，使茶叶烘烤均匀。待茶叶变黄，并发出焦糖香时，再加入少量食油和盐，加水，煮沸。

②龙虎斗茶酒：饮龙虎斗茶酒时，先将茶置于小陶罐中烘烤，待茶焦黄后，冲入开水熬煮，将茶熬煮浓稠。然后将煮好的茶水冲入预先盛入半杯白酒的茶盅，有的还在茶盅里加入一只辣椒。这时杯中会发出悦耳的响声。过后由家中的少女端茶敬客，以示对客人的敬意。

③雷响茶：雷响茶制作非常考究，首先用一个能煨 750 ml 水的大瓦罐将水煨开，然后把饼茶放在小瓦罐里烤香，再将大瓦罐里的开水加入小瓦罐熬茶。5 min 后滤出茶叶渣，并将茶汁倒入酥油筒内，倒入两三罐茶汁后加入酥油，再加事先炒熟、碾碎的核桃仁、花生米、盐或糖、鸡蛋等。最后将一块有一个洞的放在火中烧红的鹅卵石放入酥油筒内，使筒内茶汁作响，犹如雷鸣一般。在响声过后马上使劲用木杵上下抽打，使酥油成雾状，均匀溶于茶汁中，打好便可倒入白瓷杯中慢慢品饮。雷响茶茶叶呈枣红色，味浓酽，微苦中饱含焦香，饮后几秒

钟又回甜，口齿弥香，一般要煮饮三四次味道才会淡下去。雷响茶是傈僳族同胞常用来招待客人的茶饮，也是家人团聚喝茶的首选。

④麻籽茶：茶制作麻籽茶时，先将麻籽入锅用微火焙黄，然后捣碎投入沸水中煮 6~7 min，取出滤渣，汤仍入锅，放盐或糖煮沸即可饮用。麻籽茶洁白，多饮也像饮酒一样能够醉人。

(3)特色点评

傈僳族大多与汉族、白族、彝族、纳西族等交错杂居，形成大分散、小聚居的特点。茶俗也是一样，一种茶，喝法不同。大的和，小有不同。傈僳族是火的民族、歌的民族、酒的民族、诗的民族，还是一个迁徙的民族，到了 17—19 世纪还在迁徙，部分进入老挝、泰国、缅甸。迁徙中傈僳族喝的茶是雷响茶。雷响茶是一个形象的名称，寓意春雷从天边隐隐传来，采下春雨中萌发的茶树嫩芽制成茶。湖南有个地方也是喝雷响茶的。从上述油盐茶、龙虎斗、雷响茶、酥油茶等茶俗看，很难说是傈僳族受了周边其他民族的影响，还是他影响了其他民族。在相似的生活居住环境下，会有类似的民俗、茶俗。族群迁徙造成许多改变，但往往茶俗不变，这里又要说“以茶相认”了。

6.2.5 普米族

6.2.5.1 族称

普米族自称“白人”，与其自古崇尚白色、以白色象征吉利有关。1960 年 10 月，国务院根据普米族人民的意愿，正式将其定名为“普米族”。

6.2.5.2 族源

普米族是中国具有悠久历史和古老文化的民族之一。从汉文史籍、本民族传说及民族学资料来看，普米族源于我国古代游牧民族氐羌族群。国家自 1954 年开始在普米族聚居地区建立民族乡，1987 年 11 月又正式批准建立兰坪白族普米族自治县。

6.2.5.3 民族茶事

(1)茶文化

怒江有一款现代名优绿茶——老姆登茶。产自当地茶园，茶树品种是碧江大叶种。

普米族具有农耕民族的特点，也有游牧民族的特点。普米族饮茶也像吃饭一样，每天必不可少，有酥油茶、奶茶，也有清饮，如清饮老姆登绿茶。

(2)茶饮茶俗

由于与白族、汉族、彝族、纳西族、藏族等民族杂居，多数普米族人具有兼通三四种民族语言的本领。普米族饮用的打油茶别具一格。油茶用土陶罐煨制，将小土陶罐放在火塘上烤烫后，加猪油或香油，再加小撮米煎黄，然后加入茶叶。待茶叶烤香后，加入开水煨涨，将茶汁滤入碗中加盐然后饮用。

普米人日常饮茶的种类很多，有酥油茶、化油茶(放入熟猪油的茶)、盐茶、米花茶(放入爆米花的茶)和核桃仁茶等。有的人在临睡前还要喝一次茶，叫晚茶。一般是用一个小巧的茶罐，放入茶叶，用水煮成浓茶饮用，其味浓苦。普米族热情好客，每当亲友来访，总是导上座，奉上酥油茶和炒面，接着就端上热气腾腾的牛羊肉和猪膘肉，另加上一碗拌有葱、蒜、辣椒及花椒、香椿的酸辣汤。主人在旁殷勤陪侍，等到客人吃饱以后，家人才开始用饭。

(3)特色点评

普米族是殷勤礼貌、热情好客的民族。过去13岁以上的男人都吸烟、喝茶，每人都有一个茶罐和烟杆，不论走亲访友，还是耕种放牧，只要一休息就取出烟杆吸烟，拿出茶罐煮茶。近年来，笔者到兰坪时，见普洱茶、铁观音、老姆登茶还是摆在显著位置卖，调查得知这几种茶还是都受到当地各族群众欢迎。到怒江其他县境游学，与怒族、独龙族兄弟来往，他们也都欣然接受各种茶知识和外来的茶品饮。

6.2.6 纳西族

6.2.6.1 族称

纳西族有多种自称，如“纳西”，“纳”或“纳日”(或音译为“纳汝”)。中华人民共和国成立后，根据纳西族大多数人意愿，经国务院批准，于1954年正式定族称为“纳西族”。

6.2.6.2 族源

纳西族与我国古代游牧民族氐羌支系有渊源关系。清朝时期，纳西族发生了重大的社会矛盾和文化变迁，加剧了传统文化的衰落。

6.2.6.3 民族茶事

(1)茶文化

纳西族饮茶有悠久的传统历史；纳西族土语称茶为“勒”，它是纳西族每日必不可少的传统饮料。早上一起床，纳西族老夫老妇环围着火塘，拾掇早茶的事情，太阳挨山，又忙着煮晚茶。有人逢茶叶断喝的时候，就会捧着脑壳，哼着脑壳疼痛。问其原因，便说是“犯茶瘾”。这是纳西族人对茶的一种特殊感情。纳西族人热爱饮茶，茶是他们的待客饮品，更是劳作一天后家人围坐在火炉边的质朴享受。

(2)茶饮茶俗

丽江的纳西族喜欢饮茶，常用茶饮有龙虎斗茶、盐巴茶、糖茶、油茶，以龙虎斗茶最有代表性。

①龙虎斗茶：把煮沸的茶汤猛然倒进盛有白酒的茶盅里，会发出声响。茶汤

与白酒猛然相融，茶盅里的白酒就发出悦耳的嘶嘶声响。同时茶香、酒香四溢，纳西族人把这种声响看作吉祥的象征，趁热喝顿感醇味浓厚、香气盈口，喝到肚里觉得暖洋洋的非常舒服。纳西族种茶、加工茶不多，这跟他们聚集地的环境条件有关。纳西族聚居于滇西北高原的玉龙雪山和金沙江、澜沧江、雅砻江三江纵横的高寒山区，也正因为如此，他们喜欢喝热茶，也必须喝热茶。纳西族的龙虎斗茶饮是风寒茶疗的一味“猛药”。

②酥油茶：纳西族把酥油视为圣油，也是祈神油；新郎新妇抹额头的油，也取酥油。纳西族家有客人，必用酥油茶敬客。纳西族的酥油茶取酥油、茶叶、核桃碎、麻籽末、鸡蛋等，然后取煮沸的酽茶水倒入茶筒内，搅拌使其水乳交融，此茶为待客的佳品。有的煮茶水，取牛奶煮茶，此为牛奶酥油茶。

③盐巴茶、糖茶、油茶：3 种茶的冲泡方法基本上与龙虎斗茶相同。只是在第二步时事先准备的茶盅里放上的分别是盐、糖和食油，再冲入煮沸的茶汤。这主要根据个人的不同口味需要，而选用不同的冲泡物。茶内搁放猪油加盐烤烘，油茶有耐饿解渴的作用；有的煮烤罐茶，杯里搁放蔗糖块，然后把茶水倒进茶杯里。

④煨罐茶：将茶叶置于土罐子内，在火塘边烤烘，等到茶叶烤出香味，倒进开水，暴涨，倒入杯中喝。有的在茶杯里倒上半杯白酒，然后把罐里的酽茶水倒进茶杯里，有的酽茶内搁盐，有的加白糖。

⑤面汤茶、炒米茶、麻籽茶：煮此 3 种茶时锅内分别搁入麦面、米粒、麻籽，放上猪油同炒，炒得发黄有香气，再放上茶叶、盐翻炒几下，加水煮。

(3)特色点评

从纳西族人群茶饮茶俗这么实用又多样的特点看，茶和酒并不是不可兼容的，既可以酒逢知己千杯少，也可以品茶品味品人生，这正是中华民族茶酒文化的积淀。缔造东巴文化的纳西族兄弟开放，善于学习吸收，兼容并蓄，在天寒地冻的雪域高原，一杯龙虎斗沉实下肚，天地间还有什么好惧怕？居住在深山老林的傈僳族兄弟也有与此相同的茶饮习俗与情怀。

6.2.7 回族

6.2.7.1 族称

标准名称为“回族”，别名也称“回民”。

6.2.7.2 族源

回族源于唐宋时期的西北“回纥”“米回鹘”“大食”诸郡。到了元世祖忽必烈攻来大理国后，任命回族人赛典赤为行省长官。以后才有大量回族人迁入云南。云南现有 52.2 万多回族人口，全省所有县市均有回族居住，分布特点仍是大分散、小集中。澜沧江流域内回族分布还是以青海、云南境内为多。

6.2.7.3 民族茶事

(1)茶文化

回族由于大分散、小集中地分布在世界各地，其世代形成了不同的饮茶惯制，是最具“清真”特色的饮茶民族。我国回族、东乡族、撒拉族、保安族4个信仰伊斯兰教的民族在其漫长的历史发展过程中，根据自身的风俗文化创造了独具特色的茶文化，他们普遍饮糖茶、八宝茶、盖碗茶、罐罐茶、油面茶。此外，江南回族饮擂茶，云南回族饮烤茶，其他地方的回族也根据地域特点饮奶茶、酥油茶等。

(2)茶俗茶饮

元时回族人遍天下，不少回族开始在长安等西北地区生活。饮茶习俗也随之传到西北、云南等地。回族先民用茶消食，以茶代药，以茶代酒，继承了中华民族古老的茶文化传统。茶是连接友谊感情的纽带，走亲访友、订婚时，都送茶礼。回族婚礼中的提亲裹包，以茶包为主茶，订婚也叫“定茶”“下茶”，用古代“茶不移木”的寓意。订婚时亲邻喝“定亲茶”，结婚时喝“喜宴茶”，婚后与老人喝“阖家茶”，同时还有早茶、偏茶、晚茶之分。某人干事业决心很大，也用“下茶”来形容，表示坚决、不改变。

回族很讲究泡茶，说好茶还要用好水泡。回族老人认为，雪水、泉水和流动的江河水泡出来的茶香气滋味最好，还应配茶点，用讲究的茶具。回族的茶壶、茶盅、茶杯品种繁多，千姿百态，特别是有花鸟山水图案的盖碗最受欢迎。

①百抖茶：由罐罐茶发展而来，流行于北方部分回族聚居区。茶罐是粗砂黑釉陶或白铁皮卷成。烤茶流传在云南等回族聚居区。

②烤茶：先将茶叶放到茶罐里，然后置在火炉上将茶叶烤黄，再用茶壶沏上滚开水喝。擂茶流传在我国湖南常州等回族聚居区。

③奶茶：奶茶流行在我国青海等回族聚居区。回族饮奶茶除了在茶罐里加茶，还要加盐，待茶熬好后再加奶烧开，并放花椒等佐料，待客时还要放两颗烧熟或煮熟的大红枣。

④盖碗茶：全国各地回族普遍饮用盖碗茶。盖碗，又称“三炮台”，民间叫“盅子”，上有盖子，下有托盘，盛水的茶碗口大底小，精致美观。用不同的配方形成不同的茶饮，多饮三香茶(茶叶、冰糖、桂圆肉)，有的饮“白四品”(陕青茶、白糖、柿饼、红枣)，还有的喜欢“红四品”(砖茶、红糖、红枣、果干)和五味茶(绿茶、山楂、芝麻、姜片)等。

(3)特色点评

回族人一般不与其他民族共食，但可以一起喝茶。这是茶的魅力。喝的糖茶、盖碗茶、八宝茶等茶俗茶饮也类似周边民族的茶俗茶饮。由于大分散、小集中在世界各地，如何相认？茶通用，喝有清真标识的茶就更好相认了。

6.2.8 彝族

6.2.8.1 族称

彝族自称、他称不下100余种。中华人民共和国成立后，按照广大彝族人民的共同意愿，以古代青铜礼器鼎彝的“彝”作为统一的民族名称，不仅从字面上具有庄重、古老之意，而且也概括了绝大多数彝族自称的一种汉字音译。云南省绝大部分县市都有彝族分布，澜沧江流域居住着120多万彝族，主要分布在南涧县等地。

6.2.8.2 族源

彝族是古代生活在甘青高原的氐羌部落的某些支系南下，在长期的发展过程中与西南的土著部落不断融合而形成的一个民族，其活动范围曾遍及今云南、四川、贵州三省的广大地区。

6.2.8.3 民族茶事

彝族是澜沧江流域内最古老的民族之一，彝族传统茶俗茶礼是彝族传统文化的重要组成部分。在长期的生产生活中，彝族的茶俗茶礼在与多民族融合中逐渐形成了自己鲜明的特点。

(1)茶文化

彝族称茶为“拉”，称茶叶为“拉觉”，称茶水为“拉依”。茶不仅是过去彝族人生活中的饮品，也是重要祭祀中的必需品。著名彝族学者阿牛史日介绍，凉山彝文古籍有《茶经》和《寻茶经》，其中《茶经》里有这样的记载：“彝人社会初始，已在锅中烤制茶叶，‘女里’时代煮茶茶气飘香，‘社社’时代始用茶水敬献诸神。此外在一些彝文古籍、克智以及民俗事象里，彝族总是将茶放在酒和肉之先的位置，形成了‘一茶二酒三食肉’的茶文化特色。”

彝族有着关于茶的传说：彝族的饲养始祖兹兹瓦沙女神，曾采4片茶叶，煮4碗茶水，洒向四方祭拜，从此开始彝家的饲养业。有彝族学者称，彝族是最早发现、制作和饮用茶的民族之一。在宗教活动中茶是圣洁之物，可以用于献给、祭祀神灵，求神保佑吉祥兴旺。祭祀用品中必备茶，每到茶芽萌发，彝族祖先们常到大森林中采摘野生茶作为祭神和祭祖的贡茶。

(2)茶饮茶俗

所有彝族地区都有饮茶的习俗，茶从汉区输入，也有自种的，如贵州水城玉舍一带彝族就擅长种茶。火是彝族的灵魂，同其他兄弟民族一样，火塘是不灭的。大部分彝族饮用烤茶，就是把茶放在一个小罐中，在火塘、火盆上烤香，冲入开水边煨煮边饮用。

彝族喜欢的一种雷响茶，根据冲泡时发出的响声还分为“男儿茶”和“女儿茶”，前者是指冲泡时，在发出响声的同时，从瓦罐里还冲出一些气泡的茶；后者则指只有响声而无气泡飞腾出来的茶。等水汽散去，用小火煨，茶汤再次沸腾时，就可以斟到茶杯里喝，罐里再续上开水继续煨着。这种烤茶，也可叫“雷响茶”，茶烘烤到焦香，茶汤颜色红浓，并带有焦香茶苦涩味道。彝族人习惯于这种口味，他们有句谚语说：“早起三杯雷响茶，干活一天不觉累”。

彝族的待客茶礼为：主人将客人迎至为火塘上方，为客人递上茶碗茶盅，主人倒头碗茶奉上敬客，以后客人可以自己边烤茶边饮茶，火塘灰堆里有一直烤着焐着的土豆，可以做佐茶点。也有些彝族人家待客茶是用核桃碎、米花跟茶一块冲泡后奉给客人的。饮茶时先敬长者、父母，然后才能自己饮。婚恋中，唱茶歌，定亲礼品有茶，招待未来女婿喝盐巴茶，婚礼上和婚礼第二天新人都有敬茶、献茶一整套流程。

(3)特色点评

传说彝族是羌人或濮人的先人，来到澜沧江流域，分成多个种族，做晒青毛茶，自给自足。他们自称是龙虎的子孙，认识茶很早，重视用茶，也相当灵活，能栽种茶树就栽种，没条件自己种茶、做茶也不放弃喝茶。彝族茶文化多彩多姿。云南省南涧彝族自治县的彝族兄弟，擅长栽种茶、制茶、用茶，产现代名优绿茶罗伯克绿茶，“罗伯克”在彝族话中是“老虎多多”的意思；还有名茶凤凰沱茶，也源于当地老虎、凤凰争抢大茶树的传说。

6.2.9　永德彝族俐侎人

6.2.9.1　来源

彝族俐侎人大部分聚居在临沧永德境内，是云南省独有的一个族群，属彝族分支。整个族群约有 26 000 多人。他们居住在大山深处，是一个把历史藏在黑色里的部落，一个把家书写在口头上的族群。他们与外界交流甚少，至今仍保留着较为原始而神秘的宗教信仰、古老的生产生活方式，传承着保存完整的彝族俐侎人歌舞、祭祀、服装、饮食等传统民风、民俗。

6.2.9.2　民族茶事

(1)茶文化

彝族俐米人以古老茶树为图腾，祭祀古茶树成为他们敬神的传统风俗，也是本族群的最高信仰。每年农历的三月十五，彝族俐侎人都要祭祀古茶树，在茶树下祈祷，把新一年的民族平安托付给古茶树。彝族俐侎人的三月十五又称“澡塘会”，也称“桑沼哩”，实际上是他们的新年，也是他们最重要的节日。

(2)茶饮茶俗

①土罐茶：彝族俐侎人土罐茶，又称烧茶、烤茶、百抖茶、冲天茶，制作饮用同彝族的烤茶。土罐烤茶，当是最古老又最现代的一种茶饮。当今永德每当夜

幕降临，篝火通明处，茶叶飘香时，土罐烤茶自然而然成了各族兄弟相聚的媒介，也是各个民族茶文化相会相融、从远古走向未来的驿站。

②竹筒茶：也是打茶，后演化为“竹筒雷响茶”，是彝族俐侎人、傈僳族、拉祜族等几个生活在高寒山区的少数民族常见的一种饮茶方式。竹筒雷响茶泡制时就地取材，以当地一种香竹制成的竹筒作为烤茶的器具。茶叶采自云雾缭绕的俐侎山寨的大叶种茶树，取雪山清泉水。取一段野龙竹或野香竹，去掉一端竹节，再装入适量茶叶，注满水，将其置于火上熬煮。待水沸滚，茶汤变浓，就可以喝了。竹筒雷响茶含有淡淡的竹叶清香，滋味纯正鲜爽。他们生活在人烟稀少、野兽出没频繁的深山老林里，在烤茶的时候不断地用棍子敲打竹筒，一方面可以起到抖茶的作用，另一方面竹筒发出清脆的敲打声可以使野兽不敢靠近人群。这样长期延续下来的习惯就形成了他们家一种特有的邀请朋友喝茶的信号，只要听到敲打竹筒的声音，就知道是有人在邀喝茶了。

(3)特色点评

永德境内有22个民族，支系多，都因地势环境因素在求本族群的生存和发展，也形成了各自独特的饮茶、用茶习俗。永德境内有特别宜茶的自然环境，永德各民族人民在改造自然的过程中认知茶、利用茶，“祭茶思源”“饮茶成俗”是历史文化的传承。

永德茶文化的经典处在于多民族互相认同茶俗茶礼，保证相互帮助共同应对外界的天灾人祸。我们不厌其烦地罗列这些茶俗、茶礼，就是想看到民族融合的轨迹，想寻出各自的茶俗茶礼汇聚成茶根文化、汇集成中华民族茶文化的轨迹。各民族、各族群在迁徙中、在融合中、在发展中，没放弃茶，可以以茶相认。

6.3 澜沧江中游段民族与茶

澜沧江流域中游段气温垂直变化明显，气温由北向南递增，年平均气温12~15 ℃，最热月平均气温24~28 ℃，最冷月平均气温5~10 ℃。年降水量1 000~2 500 mm，西多东少，山区多河谷少。这是宜茶气候。域内有古茶树、古茶树群落，也非常适合栽茶树，建设生态茶园。适宜做茶、做多花色品种的茶、做好茶。做了茶也不仅是为自给自足，有了多种用途，茶被赋予了更多的文化内涵。看澜沧江流域各民族独具特色的茶饮茶俗茶礼，更是看民族大融合，看团结奋进的各兄弟民族在茶上相认、相知。

6.3.1 白族

6.3.1.1 族称

中华人民共和国成立后，1956年11月，根据广大白族人民的意愿，正式确定以“白族”作为民族统一族称。

6.3.1.2 族源

白族是中国第15大少数民族，是云南特有民族。白族是一个聚居程度较高的民族，有民家、勒墨、那马三大支系，受汉文化影响较深。白族的起源具有多元的特点，最早的白族先民由洱海周边的土著昆明人、河蛮人与青藏高原南下的氐人、羌人融合形成，之后又融入了部分叟人、巂人、爨人、僰人、哀牢人、滇人、汉人等多种民族。白族历史悠久，经济文化发达。公元前2世纪白族先人就与中原汉族有较为密切的经济文化联系，受其影响较深，现在习俗部分与汉族相同。大理白族自治州于1956年11月22日成立；兰坪白族普米族自治县于1988年5月25日成立。

6.3.1.3 民族茶事

(1)茶文化

大理感通寺坐落在苍山腰，面向洱海，满山满寺院的茶、山茶花、大马樱花、玉兰花。伴着青灯古佛，徐霞客曾在这里休息养病。他记述了看着寺内僧人们上树采茶、做茶，自己坐在树下喝茶、写书的情景。当时寺里的主持叫“担当”。

海可导老先生是著名白族音乐家，擅长指挥、作词。退休后专心挖掘整理云南民族茶文化，写了多首茶歌词，创办了10多场主题茶会，梳理了《古滇茶韵》《史前茶艺》等几大茶艺，为云南民族茶文化作出了卓越贡献。

“白族三道茶”已成为大理、白族的名片，谁旅游到大理不是先打听白族三道茶呢？经典中华民族茶艺中少得了白族三道茶吗？更何况在大理关于茶的旅游景点、去处、文化不胜枚举。截至2018年8月，全市共有各级非物质文化遗产保护项目61项，其中国家级7项(白族扎染技艺、白族绕三灵、大理三月街、白族民居彩绘、白剧、下关沱茶制作技艺、白族三道茶)。下关沱茶是白族人民创造的十分典型的传统技艺，它由明代的“团茶”演变而来。明代谢肇淛的《滇略》一书有“士庶所用，皆普茶也，蒸而团之”的记载。下关茶厂有“风花雪月”沱茶产品，为下关风、上关花、苍山雪、洱海月的茶旅结合做了最好的诠释。

(2)茶俗茶饮

①三道茶：白族是以三道茶敬客的民族。第一道茶，称为“清苦之茶”，先将水烧开，主人将一只小砂罐置于文火上烘烤。待罐烤热后，随即取适量茶叶放入罐内，并不停地转动砂罐，使茶叶受热均匀，待罐内茶叶“啪啪”作响，叶色转黄，发出焦糖香时，立即注入已经烧沸的开水。主人将沸腾的茶水倒入茶盅，再用双手举盅献给客人。茶经烘烤、煮沸，看上去色如琥珀，闻起来焦香扑鼻，喝下去滋味苦涩，故谓之“苦茶”。通常第一道茶只有半杯，一饮而尽。第二道茶，称为“甜茶”。当客人喝完第一道茶后，主人重新用小砂罐置茶、烤茶、煮

茶，与此同时，还得在茶盅内放入少许红糖、乳扇、桂皮等，待煮好的茶汤倾入八分满为止。第三道茶，称为“回味茶”。其煮茶方法与前两道茶相同，只是茶盅中放的原料已换成适量蜂蜜，少许炒米花，若干粒花椒，一撮核桃仁，茶容量通常为六七分满。饮第三道茶时，一般是一边晃动茶盅，使茶汤和佐料均匀混合；一边口中“呼呼”作响，趁热饮下。这杯茶，喝起来甜、酸、苦、辣、咸，五味俱全。三道茶被总结为白族特色茶饮茶艺，还寓意做人的哲理：头道茶，“要立业，先要吃苦”；二道茶，先苦后甜；三道茶，告诫人们，凡事要多“回味”，切记“先苦后甜”。

②烤茶(雷响茶、罐罐茶)：配刨花茶，是白族日常生活中最常见的茶饮。烤茶因冲泡时发出的响声也称雷响茶，其实是多个民族都拥有的一种类似的茶饮方式。喝了烤茶再请客人饮用刨花茶，把核桃仁刨成如花薄片，放入杯中，淋一层蜂蜜，冲入开水待蜂蜜融化，放入几粒花椒，搅匀奉客品尝。这种茶点营养、润肺、止咳。

③水土茶：水土茶是母亲防子女们水土不服熬的茶。取一点自家院里的土、一点碱、一点茶叶，再取自家的井水或离家最近的井水，装小砂罐里煮几分钟，就可饮用。

④红糖茶：洱源一带白族认为红糖茶可以治疗风寒引起的感冒。

⑤姜茶：白族人认为夏季饮姜茶汤解渴、解毒、除湿气、除水肿。

⑥薄荷姜糖茶：铁锅开水煮生姜片，然后放入茶煮，后放入红糖、鲜薄荷叶，轻搅几下可分汤饮。这是鹤庆的白族最爱的茶饮。

⑦盐巴茶：这是白族常用的茶饮，白族人认为盐巴茶可以清洁口腔、调理肠胃。

⑧糊米茶：铁锅预热后炒大米 20 g，大米炒黄后放入 10 g 茶叶同炒。等散发出糊茶香糊米香时，放切好的红糖、碱(3 g)，用开水煮 2~3 min 即可。糊米茶生津止渴、健胃消食，治疗小儿腹泻很有效。

白族传统上由家中或族中长辈亲自司茶，现在也有小辈向长辈敬茶的。无论平时还是节日，客来先奉清茶，并且连斟三道，为客人斟茶不能斟满。居住在苍山脚下的白族同胞，从订婚到结婚这段时间，他们都必须以茶代礼，而且在举行婚礼的那天，对前来闹洞房的人，新郎新娘都得敬上三道茶，三道茶献罢，方可闹洞房。社交、探亲、访友煨烤茶、三道茶。有孩子出生，请客人喝清茶一杯。丧葬祭祀的祭品也必有茶。

(3)特色点评

白族是一个大融合的民族，深受汉族等周边民族的影响，这种影响力是双向的，初衷都为了本族群的生存、发展。白族自己喝的茶清淡，居住的地方更靠近哪个民族就有与哪个民族近似的茶饮茶俗。当然最主要的是靠近汉族。

6.3.2 景颇族

6.3.2.1 族称

景颇族先民以“寻传蛮”“高黎贡人”的名称见于汉文史籍。中华人民共和国成立后，根据本民族的意愿，统称为景颇族。

6.3.2.2 族源

根据本民族历史传说，景颇族的来源与青藏高原上古代氐羌人有关，景颇族先民最早居于青藏高原，约在1 000多年前沿金沙江、怒江和恩梅开江南迁，到17世纪以后才逐步定居在缅甸北郊和中国云南德宏傣族景颇族自治州等地。唐代的“裸形”“寻传”部落即其先民。缅甸境内的大部分克钦族支系与中国境内的景颇族、傈僳族也有极深的渊源。

中华人民共和国成立前，德宏景颇族地区的山官制度发展不平衡；1950年景颇族地区解放；1951年成立了民主联合政府。1953年7月，德宏傣族景颇族自治区人民政府正式成立。1956年5月，根据1954年10月颁布的《中华人民共和国宪法》，关于自治地方分为区、州、县三级的规定，德宏傣族景颇族自治区改名为傣族景颇族自治州。

6.3.2.3 民族茶事

(1)茶文化

景颇族宗教信仰趋于多元化，茶风情也多元化。首先是竹文化，才是茶文化。保鲜、保存茶，依靠的是竹。景颇族人有深厚的竹子情节，竹子具有强大的生命力，景颇族的传统饮茶方法是用剥皮的竹筒煮茶，茶味浓香，几乎每家都有煮茶的竹筒。

景颇族人民是栽种茶树的，栽云南大叶种茶树；自己做茶，做得最多的就是竹筒茶。选取粗大的竹子，锯成长约30 cm、一端留有竹节的竹筒，然后将采摘下来的茶树芽叶，通过日晒使其失去二三成水分时，再用手搓揉；或者将采摘来的芽叶用锅蒸煮，待芽叶柔软泛黄时，起锅将茶叶倒在竹帘上，再用手搓揉。然后将茶叶倒入竹筒，用木棒分层筑实。到快要装满竹筒时，用竹叶或石榴树叶堵住筒口，把竹筒倒置，使多余的水分外流。这样过二三天后，再用灰泥封糊筒口，将茶筒插入土中，放置二三个月，待茶叶发酵变黄，或呈现金黄色，并散发出特有的茶叶浓香时，即可劈开竹筒，取出棍状茶柱，晒干即成。

(2)茶饮茶俗

①竹筒茶：竹筒茶外形为竹筒状的深褐色圆柱，紧结端正，白毫显露。喝时锯下一片，磨碎后用开水冲泡，汤色黄绿，兼具茶、竹、糯米的清香，滋味鲜爽。德宏的景颇族至今仍保持着古老的吃茶俗，不为解渴，而为佐食。每年春雨

季节，从茶树上采下嫩芽叶用竹簸箕摊开晾晒失去两三成水分，用手略加搓揉，或将采摘来的芽叶用锅蒸煮，待芽叶柔软泛黄时，起锅将茶叶倒在竹帘上，再搓揉。辣椒、食盐、香油适当拌匀，放入竹筒或罐内；或拌上食盐、辣椒，塞进竹筒里，边塞边用木棍捣，不留空隙。这样层层捣紧后，用泥或盖子把竹筒口封起来。放阴凉处3个月左右，待茶叶发酵变黄，或呈现金黄色，并散发出特有的茶叶浓香时，剖开竹筒，把腌茶倒在竹簸箕里摊晾干，装瓦罐里，随时当菜吃。吃时拌上芝麻油、蒜泥和其他佐料。对这种竹筒腌茶，有喜欢生嚼着吃的，也有在火塘上炒熟后再吃的。德宏州三台山竹林中的景颇族，喜欢饮用“鲜竹筒茶”。山泉水装入一根碗口粗鲜竹筒内放在火塘的三脚架上烧开，再将茶(干茶或鲜叶)投入竹筒内煮后饮用。

②水茶：景颇族对茶情有独钟，不仅喝茶，而且嚼茶，嚼茶即是嚼水茶。水茶是将采摘的新鲜幼嫩茶叶，经日晒萎凋后，拌上食盐，装入小竹箩，一层层紧压，约一周后即成可以嚼食的水茶。食用时直接取出放入嘴中咀嚼即可。水茶清香可口，带有咸味儿，能解渴消食。

③石头茶：景颇族的茶俗之一，捡小鹅卵石放在土陶罐里一起在火上烤，烤热了把茶放进去同烤片刻，用大竹筒烧开了水，冲进罐里，滤出茶汤饮用。清香，解渴，提神。

(3)特色点评

景颇族是勤劳、勇敢的古老民族，也是友善、睦邻的民族。竹筒茶因原料细嫩，又名“姑娘茶”。景颇族食物风味以酸、热、小米辣当家，可去湿除热，把茶也这么用，实在是因势利导的智慧。哈尼族、布朗族、傣族、拉祜族也喜饮用竹筒茶。因为环境中都有很多竹子，只是他们的竹筒茶饮取竹的清香更多，而景颇族是取用具的成分更多。

6.3.3 德昂族

6.3.3.1 族称

德昂族由于居住分散，自称和他称都很多。居住在德宏地区的德昂族自称“德昂”，镇康、耿马的德昂族则自称“尼昂”或“纳昂”，中华人民共和国成立后进行民族识别，沿用了“崩龙”这个名称。后根据本民族的意愿，1985年9月经国务院批准，“崩龙族”正式改名为“德昂族”。

6.3.3.2 族源

德昂族源于古代的濮人，与哀牢有密切的关系。早在公元前2世纪就居住在怒江两岸，是开发保山、德宏一带较早的民族。史书记载的茫蛮部落就是德昂族的先民，隋唐时称为“茫蛮”“扑子蛮”“望苴子蛮”。他们先后臣服于汉、晋王朝及南召、大理国，元以后成为傣族土司的属民。德昂族种茶历史悠久，有“古老茶农”之称。1987年12月，在潞西市三台山建立了第一个也是唯一一个单一德昂族民族乡。1988年3月，在临沧地区的耿马县，有由佤族、拉祜族、傈僳族、德昂族联合建立的民族乡。

6.3.3.3 民族茶事

(1)茶文化

德昂族以种茶、制茶出名，被誉为“古老的茶农”。从古时候起，村寨到处生长着茶树，因此他们善于种茶，家家都栽有茶树，村村寨寨无一例外都种茶，随处都可看到一片片郁郁葱葱的茶林。村寨周围，有几百年树龄的老茶树，最老的一棵是“茶王”，备受保护，寨中人并以能拥有“茶王”而感到自豪。德昂族人的一生都在茶香中度过。

德昂族最具特色的就是制德昂族酸茶。一是土坑法：未使用陶器前，将鲜茶叶采摘回家后，用新鲜芭蕉叶包裹茶叶，放入事先挖的深坑内埋7天左右，然后将茶叶取出在阳光下揉搓并晒2天，待茶叶稍干时又将其包裹放回深坑内3天，取出晒干便可泡饮。泡饮时使用沸水，其味酸苦，有清洁口腔、清热解暑的功效，是原生态的绿色保健饮料。做菜用的酸菜则要适当在第二道工序时多放几天，取出后要在碾臼舂碎晒干。食用时用水泡发后凉拌，其味酸涩回味，使人增加食欲。二是陶器法：有陶器后，就直接利用陶罐腌制酸茶了。腌茶一般在雨季进行，从茶树上采回的鲜叶，用竹簸箕将鲜叶摊晾后稍加搓揉，再加上辣椒、食盐适量拌匀，放入罐或竹筒内，层层用木棒舂紧，将罐(筒)口盖紧，或用竹叶塞紧。静置二三个月，至茶叶色泽开始转黄，取出晾干，然后再装入瓦罐，随食随取。

(2)茶俗茶饮

酸茶是德昂族人的嗜好，酸茶叶也可直接嚼食，味微酸、微苦而回味甘甜。德昂人认为这种茶可以解热散毒。

饮浓茶是德昂族成年男子和老年妇女的嗜好。传说从古老的时候起就有这种习俗。因此，德昂族各家各户都习惯在自己住宅周围或村寨附近栽培一些茶树，采摘的茶叶系土法加工，主要供自己消费。德昂人嗜茶成瘾，他们说一天不喝茶，浑身都没劲。只有喝下一杯浓浓的热茶，才能提起精神。通常由年长的德昂妇女出售茶，它们被称为“蔑宁”，在德昂语中，这是“茶妈妈”的意思。

在日常生活中，德昂族离不开茶，婚丧嫁娶、探亲访友，都以茶作为礼品，“茶到意到”。茶与德昂人生活的各个方面都有密切关系。访亲探友离不开茶，媒人第一次到女家说媒离不开茶，冒犯了别人向人道歉时，也要送一包茶，作为礼物，表示歉意。如果两个人有什么争执需要人评理，事先也都要向头人送上茶。就是邀人参加婚宴或葬仪，也是以茶代请柬，用红线交叉捆扎的一包茶是婚宴的请柬，而用白线捆扎的茶则是丧事的请柬。如参加婚礼时，要送一包扎有十字红线的茶叶；参加葬礼则送一包用竹篾或竹麻拦腰捆扎的茶叶。

(3)特色点评

这是一个栽种茶、做普洱茶、做酸茶、腌茶、饮用茶、食用茶、礼用茶、情也离不开茶的民族。

6.3.4 佤族

6.3.4.1 族称

佤族的先民在先秦时期便是“白濮”族群的一支，唐代称为“望蛮”“望苴子”“望外喻”；明代称为“古剌”“哈剌”；清初称为“卡佤”等。中华人民共和国成立以后，根据大多数佤族人民的意愿，定称为佤族。

6.3.4.2 族源

佤族的创世神话，人类起源于“司岗”。而对“司岗”的解释各地稍有差异，西盟佤族认为“司岗”是石洞，“司岗里”，意即人从石洞里出来。西盟部分佤族自称“勒佤”，意即奉神之旨意守护圣洞之人。沧源等地佤族认为“司岗”是葫芦，“司岗里”，意即从葫芦里出来。各地佤族虽对“司岗里”的解释有所不同，但都把阿佤山区视为佤族的发祥地，这说明他们在阿佤山区居住的历史已很久远。新石器时代佤族地区的重要文化遗存中的沧源岩画(崖画)，就是最好的证明。

佤族是中国少数民族之一，也是跨国境而居的民族。佤族主要居住在中国云南省西南部的沧源、西盟、孟连、耿马、澜沧、双江、镇康、永德等县的山区与半山区，和缅甸的佤邦、掸邦等地。1954 年 6 月成立了孟连傣族拉祜族佤族自治县；1955 年 10 月成立了耿马傣族佤族自治县；1964 年 2 月成立了沧源佤族自治县；1965 年 3 月成立了西盟佤族自治县；1985 年 12 月成立了双江拉祜族佤族布朗族傣族自治县。

6.3.4.3 民族茶事

(1)茶文化

临沧崖画谷位于临沧地区沧源县以北勐来乡，因 3 500 多年历史的古崖画而闻名。目前所发现的崖画共 11 处，生动地展现了佤族先民狩猎、放牧、舞蹈、祭祀等活动场面，内容丰富，结构简练，独具一格。11 个崖画点，约 1 100 个画面，据专家考证，沧源崖画距今已有 3 200 年历史，是佤山游居土著祖先的杰作。崖画主要原料是磁铁矿粉、动物血和紫胶(虫胶)。除此之外，佤族老人断定：沧源崖画的原料中，必然配有浓茶汁成分。这种说法的依据是：崖画脚下祭拜时留下的茶叶浸汁，经长期的风吹雨浸，在岩石上留下了与崖画颜色极为相近的物质，且经久不褪。

在崖画分布区周围的原始森林中，依然保存着连片的野生古茶树群落。细观崖画 1 号、4 号、5 号点，可以看到，千百年前，佤族先民采摘树叶的场景。崖画所记，正与佤族历来沿袭下来的上山采摘野生古茶的劳作方式相近。《司岗里》传说中，佤族利用茶叶已有上万年历史。

(2)茶俗茶饮

①烧茶：佤族男人都有吃茶品茗的习惯，所以每户佤族人家火塘边都有一个煮茶用的瓦罐。佤族的“烧茶”，佤族语称为“枉腊”，是一种与烤茶相似的方法。佤族人外出劳动有的带茶罐到地边，就地生火煮茶；有的是把茶水磨炼成茶膏，晒干成块后，外出时带在身边，烧一壶开水，放在火塘边备用；然后，把茶叶平均地铺在一块薄铁板上，放在火上烤，烤到茶叶焦黄时，将茶叶倒入开水壶中泡或煮后饮用，茶苦中带甜，散发出一股焦香。

②苦茶：喝苦茶是佤族至今仍保留着一些古老的生活习惯之一。苦茶是佤族把自己加工的大叶绿茶用锅烤成黄色、烤出香味，再放入底大口小的小陶缸里，然后注入清水，用炭火煎熬。

③擂茶：佤族古老的一种饮茶方法，即将茶叶加入姜、桂、盐放在土陶罐内共煮食用。

④竹筒茶、盐巴茶：这两种茶与相邻民族类似，只是竹筒茶内会加糖、生姜、薄荷一起煮，让竹筒茶更具风味。他们加糖的茶主要给儿童喝，给新婚夫妇喝，而姜茶、薄荷茶主要用于保健。

佤族盖新房，要举行贺新房仪式，贺新房的由家长带队，领着一群老人和小孩每人带上礼品从外面进入房内，礼品有水酒一缸、糯米饭一锅、茶叶一包、盐巴一块等。订婚，送结婚礼“结拉”时，礼品中也要有一斤茶叶。举行婚礼“汝戛包”时，祝贺的人要送礼物，礼物中一定要有一碟米、一包茶叶、一块盐巴，礼物只能是单数。

(3)特色点评

佤族原住当地的时间更长，民族茶文化历史悠久，以岩画为证。一时也比较不出多用铁板烤茶跟其他民族多用土罐烤茶哪个更近代些，只是感到佤族茶文化某个阶段发展缓慢或停滞。

6.3.5 壮族

6.3.5.1 族称

壮族自称和他称较多，最早见于宋代文献中。中华人民共和国成立后统一写为“僮”。1965 年 10 月 12 日，国务院总理周恩来提议，并征得壮族人民的同意，国务院正式批准，把僮族的“僮”改为强壮的“壮”字。“壮”字有健康的意思。

6.3.5.2 族源

先秦至秦汉时期，汉族史籍所记载的居住在岭南地区的“西瓯”“骆越”等，是壮族最直接的先民。属于广泛分布在中国长江中下游以南至东南沿海地区的“百越”。云南壮族和广西壮族同源，是我国历史较悠久的一个民族，早在公元前3世纪，居住在今广西、云南的壮族就和当时中原人民有了较为密切的交往。壮族是由古代百越的一支发展而形成的，是我国少数民族中人口最多的一个民族。

6.3.5.3 民族茶事

(1)茶文化

壮族的茶歌文化极具特色，对歌的长调很多，其中不少已传唱几百年至上千年。对歌中，《找茶种歌》是必对的长调之一。《找茶种歌》生动记叙壮家洛冒(小伙子)“奕通”带领众人一路征战，经过流血牺牲，终于找到茶种的故事。表现出壮家人对茶的独特钟爱。

(2)茶俗茶饮

壮族饮茶喜欢喝一种类似菜肴的咸油茶(三碗)，喝油茶可以充饥健身、祛邪去湿、开胃生津，还能预防感冒。做咸油茶应注重原料的搭配，主料茶叶，首选茶树上生长的健嫩新梢，采回后，经沸水烫一下，沥干待用；常用的配料有大豆、花生米、糯粑、米花等，制作讲究的还要配上炸鸡块、爆虾子、炒猪肝等食材，食油、盐、姜、葱或韭菜等佐料。先将配料或炸，或炒，或煮，分装入碗；起油锅，将茶叶放在油锅中翻炒，待茶色转黄，发出清香时，加入适量姜片和食盐，翻动几下，随后加水煮沸，待茶叶汁水浸出后，捞出茶叶，再在茶汤中撒上少许葱花或韭段，把茶汤倒在已放好配料的茶碗中。咸油茶香中透鲜、咸里显爽。给客人喝咸油茶，是当地高规格的礼仪，按当地风俗，客人喝咸油茶，一般不少于3碗。

在壮族人聚居的山区，很久以前就发现一种野生的灌木，其叶煮水喝，甜滋滋的且十分清香。长期以来，民间就把其树叶加工当茶饮用，故名“甜茶”。经鉴定，这种植物是蔷薇科悬钩子属多年生灌木，近年已开始人工大面积栽培。

(3)特色点评

壮族居住在山上，长有很多茶树、茶园的山上。一定是好喝茶，喝好茶，好唱歌，唱好茶歌。另一点是受他族影响，把能干燥的叶子煮熬冲泡来喝的都称为茶。我们的祖先“尝百草”，可选择余地很大，选择了茶树，并人茶携手到如今，真不容易。

6.3.6 苗族

6.3.6.1 族称

苗族居住分散，他称中有“蛮”，自称“蒙”。云南的苗族就有8个冠以“蒙”的自称。中华人民共和国成立后统称为苗族。

6.3.6.2 族源

苗族历史悠久，苗族先民最先居住于黄河中下游地区，其祖先是蚩尤。早在2 000多年前就定居在湖南洞庭湖和沅江流域一带，从事渔猎和农业生产。经历代不断迁徙进入西南地区。苗族刺绣种类的繁多和工艺的精美，让其他的刺绣种类望尘莫及。苗族刺绣不仅记录节日、图腾和英雄，还记载着苗族几百年迁徙的历史，在很多苗族刺绣图案中，都有水波状的花纹，苗族用这样的符号表示他们的祖先曾经跋山涉水，渡过长江、黄河，最后才来到西南。

6.3.6.3 民族茶事

(1)茶文化

苗族有着悠久的种茶、饮茶历史，饮茶成俗。

苗家茶祭是由巫师主持的对植物神与水神嬶生茶水表示崇敬的祭祀活动，内容包括叙述茶史，膜拜茶神、水神，其内涵丰厚，音乐舞蹈古朴典雅，具有颇高的观赏价值和研究价值。苗族同胞还常用“清茶四果”或“三茶六酒”，借以表达至真至纯的虔诚。

(2)茶俗茶饮

苗族茶俗既是苗族同胞的一种生活方式，也是生活理念的体现。在苗族人日常的衣食住行、婚丧嫁娶、生老病死、节庆娱乐等社会交往中，处处离不开茶。苗族是名副其实的温馨清雅的茶情茶礼礼仪民族。孩子出生时，左邻右舍用带有露水的茶芽梢作贺礼。如果生的是男孩，就送一芽一叶的芽梢；如果生的是女孩，则送一芽二叶的芽梢，寓意“一家有女百家求”。苗族同胞以茶为聘，象征男女爱情忠贞不渝；吃茶是订婚的代名词。未订婚的女子必须恪守“一女不吃二家茶”的规矩。苗族男女的婚配，要有“三茶”，即媒人上门，沏糖茶，表示甜甜蜜蜜；男青年第一次上门，姑娘送上一杯清茶，以表真情一片；举行结婚仪式的当日，以红枣、花生、桂圆和冰糖泡茶，送亲友品尝，以示早生贵子、生活和美。苗族人临死前由村中长者用青蒿叶沾一点茶水洒到嘴角，入殓的棺材里要放茶叶，湘西北一些地方还有在死者手里或嘴中放置茶叶的习俗。

八宝茶(油茶)油而不腻、清香味浓，是苗族同胞用来招待远方贵客的特有饮食之一，尤其是在冬天，喝上一碗热气腾腾的油茶，顿时舒心暖肺，妙不可言。油茶的做法比较简单，将油、食盐、生姜、茶叶倒入锅中同炒，待油冒烟，便加入清水煮沸，再用文火煮，然后滤出渣滓，把油茶汤倒入放有炒熟的玉米、黄豆、花生、米花、糯米的碗里，再调以葱花、蒜叶、胡椒粉和山胡椒等佐料即成。

居住在滇东北乌蒙山上的苗族，有种独特的饮茶方式，当地人称“菜包茶”。此茶顾名思义也就是以菜叶裹包茶叶。先将几片体积较为宽大的新鲜青菜叶或白菜叶洗净，把茶放于菜叶之中，严严实实地包好，再置于火塘的热灰中捂，经过这样的炮制，茶叶所具有的极强吸附异味的能力就把菜叶的芬芳纳入其中。捂的过程中，还要在表面加上炭火，待五六分钟后，茶叶干燥，从灰中取出，弃除菜叶，将热气腾腾的茶叶装入杯中，冲入开水，杯中散发出茶菜混合香味，喝一口滋味鲜爽，口舌生津。

(3)特色点评

苗族的八宝茶、菜包茶与基诺族的相似。苗族人民信茶神和水神，因此，茶饮就是两种神的结晶。冲泡茶，水是流动的，以各种方式流走了，而神可留住，绣品就是一种留住方式。茶水成为生、婚、死以及平时祭祀常用之物。

6.3.7 瑶族

6.3.7.1 族称

瑶族名称比较复杂，有自称28种，他称近100种。

6.3.7.2 族源

瑶族的先人传说，是古代东方“九黎”中的一支，后往湖北、湖南方向迁徙。瑶族和苗族有密切的亲属关系，同源于秦汉时的“武陵蛮”部落。大约在隋代，居于现在湖南、湖北一带的瑶族和苗族已分化成两个族群。云南的瑶族是明、清以后分别从两广和贵州迁徙入文山境内，以后又分别迁徙到红河流域和墨江、勐腊等地的。

6.3.7.3 民族茶事

(1)茶文化

瑶族茶文化相当久远。在瑶族《盘王歌》中，就有“十二月山茶满树红”的句子。瑶茶有红茶、绿茶、白毛茶、甜茶等。瑶族民间饮茶，已成为生活之必需。广西地区的瑶族还喜用桂皮、山姜等煎茶，认为这种茶有提神、清除疲劳的作用。

瑶族地区都产茶，如云南红河一带是栽种茶树、开垦茶园的。红河蒙自的五里冲茶场还有规模栽种有引种的和当地自有的金花茶、乌龙茶品种，成品茶品质均属上乘。

(2)茶俗茶饮

①油盐茶：以老叶红茶为主料，用油炒至微焦而香，放入食盐加水煮沸，多数加生姜同煮，味浓而涩，涩中带辣。

②咸油茶：做法与苗族做咸油茶相同。瑶族喜欢打油茶，不仅自己天天饮用，而且用油茶招待宾客。油茶不说煮而称“打”，是各地的统一称法，而各地的油茶却各有其不同的风味。

对于熟客和朋友，瑶族人接待喝油茶的方式就显得轻松随意得多。客人可以边与主人聊天边欣赏主人煮油茶的技艺，还可以打打下手，体现一种主客随意的友谊。喝油茶时，客人可以根据自己的口味调茶，盐、花生、炒米、葱花、香菜等配料都会放在油茶桌上，像自助餐一样可以自由选择和搭配。客人告别时通常会说一句“改天等你到我家打油茶”，以答谢和邀请朋友往来喝油茶。

喝油茶同样是瑶族男女相亲、维系恋爱的重要方式之一。在相亲的过程中，一般由女方端给客人喝，但敬茶时依然有讲究，第一碗给媒人，接下去是老者、长者，再下去才是相亲的男青年，然后才是男青年的同伴。

(3)特色点评

瑶族是世界上最长寿的民族之一，怎知不是喝打油茶的缘故？居住在丽江永胜的彝族也有打油茶习俗，尤其老年人，说是早起不喝油茶头会疼。布依族兄弟也是打油茶，有“早茶一盅，一天威风；午茶一盅，劳动轻松；晚茶一盅，全身疏通；一天三盅，雷打不动”之说。其实就是居住在大体相同的地理生态环境中，经济发展水平大致相同，就会有大体相同的茶俗茶饮吧。

6.4 澜沧江下游段民族与茶

澜沧江流入普洱市，就进入下游地带。下游地带包括云南普洱市和西双版纳傣族自治州。普洱市居住着哈尼族、拉祜族、佤族、傣族等 18 个少数民族。而在西双版纳傣族自治州除了居住傣族外，也居住着哈尼族、彝族、布朗族、基诺族、苗族、瑶族等多个少数民族。

云南西双版纳是中国难得的一块热带与南亚热带热土，是真正的植物王国和动物王国。这里的热带雨林和中山阔叶林有 300 万亩被划为国家级自然保护区，是中国唯一有野象栖息的宝地。它与缅甸、老挝接界，十多种兄弟民族与国外相近，澜沧江下游滇西南地区丘陵和盆地交错，气温由北向南递增，属亚热带或热带气候。平均气温 15~22 ℃，最热月平均气温 20~28 ℃，最冷月平均气温 5~20 ℃，年降水量 1 000~3 000 mm，由北向南递增，环谷降水小于山区。特别适合茶树生长，做多种类好茶。

从民族融合分析来看，由于居住环境的不同，各民族因而发展了自己与环境相适应的饮食和茶文化，如北部高海拔山区的民族如纳西族、彝族的土罐烤茶、油茶，藏族的酥油茶具有良好的驱寒增加热量效果，而南部低海拔和河谷坝区的民族，如布朗、德昂、基诺族则发明了腌菜茶，凉拌茶、鲜枝烤、土锅茶、酸茶、凉拌茶和竹筒茶，具有很好的解暑、提神、开胃效果。故而在茶文化方面，吸收内地茶文化较多，如白族三道茶，已从茶俗上升至包含茶礼、茶德、茶艺、茶道的综合文化层面，在器、型、艺、境等方面已远较边远民族地区的质朴古老的茶文化更为丰富。

流域内民族迁徙带来的文化交流中各民族居住的自然生态环境不同产生的民族差异，与自然地理相关联，各民族形成了各自一定的活动范围，构成了流域内民族茶俗、茶饮、茶礼的五彩纷呈。

6.4.1 傣族

6.4.1.1 族称

汉代称“滇越”“掸”。魏晋以后，有“金齿”“白哀”“摆夷”等多种他称。越南史籍称傣族为“哀牢”；缅甸史籍称傣族为“掸”；印度史籍称傣族为“阿洪姆”。傣族自称是“傣”，意为酷爱自由与和平的人，傣族有水傣、旱傣和花腰傣之分。

6.4.1.2 族源

傣族历史悠久，傣族先民为古代百越中的一支。

6.4.1.3 民族茶事

(1)茶文化

傣历204年时的傣族贝叶经《游世绿叶经》(距今约1 200年)中记载，西双版纳发现茶叶并开始种植茶叶是在佛祖游世传教时就开始的。经中这样记载：“有青枝绿叶，白花绿果生于天下人间，佛祖曾告说，在攸乐和易武、曼和曼撒有美丽的嫩叶，在热地的倚邦、莽枝和革登，是甘甜的茶叶，生于大树荫下。佛祖游世间来到易武山上，见两位老者，肚疼和腹胀，痛得直叫唤。佛祖采来青嫩叶，放入竹筒中，加水烧煮，水沸后，给二老喝，随后用绿叶来揉腹。老者喝过水，一会便痛愈，行走如当初。老者拿嫩叶，叩拜问佛祖，此叶叫何名，先苦后生津，腹痛胀消尽。佛道此名茶，天下好东西，先苦后回甘，好吃又润喉，你等拿去种，日后定有益。”

①祭祀：傣族村民通常通过原始宗教的仪式选定一棵茶树来做茶神，已经选定后就要永久地固定下来，除非是这棵茶树因故死了再选另一棵。这棵茶神树上的鲜叶不能随意采摘，在茶神树的根部还要做一个“底瓦拉”。每年春茶采摘之前，主人必须带上祭品先去祭茶神树后方可采摘当年的春茶。在各种祭祀活动中，茶是不可或缺的最神秘的祭品，形成了一种独特的、具有浓厚民族特色的茶文化。他们不仅用茶来祭祀各种神灵，转达人的精神诉求，同时对茶树也产生了原始的自然崇拜。景迈傣族祭茶神的形式和内容都比较神秘。据说最大的茶神住在景迈山。傣族栽种茶树有2 000余年历史。在万亩古茶园里有茶神，每家每户管理的小片茶地里还供着小茶神。

②祭佛：傣族群众信仰佛教，相信神灵。他们为了祈求村寨平安、六畜兴旺、五谷丰登，凡年龄到了50岁之人，无论男女都要到佛寺进行纳佛、侍佛、滴水等佛事活动，其中茶就是必不可少的贡品。

③祭龙：每年农历的三月初六和五月十九便是傣族村寨的祭龙日。祭祀中心

树带上准备好的茶叶、茶水、生米、熟饭、酒肉、食盐，以及红、黄、白四色丝线。

④信物“年”：傣族先民发现了茶，加深了对茶的认识。日常生活离不开茶，还把茶当作一种神的信物，赋予了其文化内涵。茶是景迈傣族社交活动中用来传递信息的重要信物。自古以来他们既不用请柬也不用书信，而是把茶做成“年”来当信物传递。当地居民把长到4~5叶的古茶鲜叶采摘回来，蒸熟后切成细丝，放上生姜舂细，再装入竹筒中舂紧，然后让它自然风干便制成了“年”。当寨子里不论是集体或者个人需要赕佛或节庆活动，村民建新房、娶亲嫁女，就去一小点“年”，用绿叶子包起来送到其他寨子、佛寺或者要邀请的客人家中，客人打开叶子一看就知道来邀请的寨子或者人家有重要的事了，而且礼还非常重，需要前去帮忙。

(2)茶俗茶饮

傣族皆有喝茶的嗜好，家家的火塘上常煨有一罐浓茶，可随时饮用和招待客人。基本茶饮还是清饮、罐罐茶、竹筒茶。所喝之茶皆是自采自制的，只摘大叶，不摘嫩尖，晾干后不加香料，只在锅上加火略炒至焦，冲泡而饮，略带煳味，但茶固有的香味很浓，有的浸泡多次不变色。

①罐罐茶：傣族的烤茶罐，捂在稻草堆里烧制出来，砖红色的罐身上有用木片、火麻布印上去的网纹。烤茶罐洗净放在火塘中烧烫，再放入晒青茶，慢慢均匀抖烤至茶叶变黄发出香味，把开水倒入茶罐，在火塘边慢慢煨煮。

②竹筒茶：傣族人在田间劳动或进原始森林打猎时，常常带上制好的竹筒香茶，休息时他们砍上一节甜竹，上部削尖，灌入泉水在火上烧开，然后放入竹筒香茶再烧几分钟，待竹筒稍变凉后慢慢品饮。

在民间，傣族喝的茶多数都是自己制作的大叶茶，茶过三四泡后茶味变淡，将茶叶捞出，蘸上嘎哩啰(大青果)喃咪吃，茶叶余留的淡淡苦涩与嘎哩啰果汁的回甘融合在一起，让人回味无穷。

傣族找人说媒，都必须带茶作为礼品，每次两小包，以茶传情，好事成双。如果不带茶叶表明男方没有诚意。

傣族以茶用药时，最讲究的是药引子和配伍问题。轻度感冒时，用土罐煮浓茶兑明子、生姜服用，一两个时辰后，感冒自然消除。腰酸背痛腿抽筋时，煮浓茶兑猪油，喝两碗冒汗，经络舒畅，疾病好得快。茶叶、石榴尖、方石榴果树尖混煮服用，能治好慢性肠胃病。

(3)特色点评

傣族居住的地方气候适宜，生活相对平稳、富裕，文化水平也相应高，用茶的范围、赋予的内涵就更多，或说让茶承载的精神也更多，将茶作为寄托或表达思想感情甚至哲理观念的载体世代相袭，祈祷风调雨顺，丰衣足食，平安喜乐。

傣族还被称为黑陶最多的民族。当地竹好、水好，泥土更好。傣族人技艺精湛，可以自制土罐、竹器，用于烹茶、饮茶。陶、竹、茶与傣族人民相携与共，进入中华民族生态文明时代。

6.4.2 布朗族

6.4.2.1 族称

居住在西双版纳的布朗族自称“布朗”或“巴朗”，中华人民共和国成立之前，布朗族因地区差异有多种称谓，后党和政府根据布朗族的意愿，统称为布朗族。

6.4.2.2 族源

先秦时期，布朗族是百濮的一支，生活在永昌(哀牢国)境内的濮人，后来分化为布朗、佤、德昂3个民族。

6.4.2.3 民族茶事

(1)茶文化

茶不仅是布朗族重要的经济来源，也是布朗族日常生活不可或缺的物品。在漫长的历史生活中，布朗族与茶相伴，以茶为生，创造了丰富多彩而独特的茶文化，它由布朗族独特的种茶文化、饮茶文化、茶俗茶礼，以及布朗族千年古茶园等茶文化历史遗迹组成。

布朗族和德昂族神话传说中流传着人是天界的茶叶下凡变化而成的故事。另一则故事则讲，茶是“浦蛮王”留给他的后代布朗族的。

布朗族先民有一个能文善武的首领叭岩冷，布朗族有一首民谣专门歌颂叭岩冷，歌词大意唱道：“叭岩冷是我们的英雄，叭岩冷是我们的祖先，是他给我们留下了竹棚茶树，是他给我们留下了生存的支柱。”每年农历六月初七日，布朗族都要在一棵大茶树下祭祀茶祖叭岩冷。

布朗族有一年一度的祭祀活动，是他们最原始的宗教信仰。祭祀所用的鸡、猪、宰杀时禁止使用金属刀，须用木棒击其头至死。它给我们传递了信息：神崇拜产生于金属器产生前；而祭台上请神的祭品只有茶、大米和用土碗盛的酒。其他物品不得随便上祭台，也是告诉茶是早已进入布朗族的生活的物品。

布朗族信奉南传上座部佛教，每年都要到缅寺进行多次“赕佛”等奉献式的宗教活动，同时要听经祈福，并祈求风调雨顺、粮茶丰收。“赕佛”时，茶叶是重要的“赕品”之一。

布朗族在每年农历正月下地生产之前祭土神，以求生产发展。祭祀时陈设红公鸡一只、谷一升、米一碗、茶一杯、酒半斤等物品。只留家长和“白摩”在家，其他家庭成员都在屋外，将大门关闭，门前插上木桩，桩上戴一雨帽，意说房里正在祭土神，外人不得入内。

布朗族在烧荒播种之前，要先用米饭、竹笋和茶叶的混合物祭祀火神。

布朗族崇拜茶，在每家每户的古茶园里，都有一棵古茶树被视为自己家的茶魂。每年都要举行祭祀仪式，一般在春茶开摘之前，都要向茶魂树献祭饭菜，请茶魂保佑自己家的茶能够长得好、发得多，从而带来好收成。并且每当开发一片茶园，在这块土地上种的第一棵茶树都要选择最好的日子，举行必要的祭拜仪式后才能种植，以后这棵树就成了这片茶园的茶魂树了。

布朗族是与茶树渊源深远的“濮人”的后代；是一个拥有悠久历史的民族，是最早种茶用茶的民族。堪称“茶树自然博物馆”的云南省普洱市景迈山千年万亩古茶园的形成和发展与布朗族的迁徙、发展历程紧密相关。布朗族的酸茶与傣族的青竹茶、哈尼族的土锅茶、拉祜族的土罐茶一样，代表了本民族最主要的食茶饮茶方式。

布朗族是一个善于种茶的民族。千年前，布朗族祖先叭岩冷首先把野生菜“得责”经人工栽培后推广，并称之为“腊”。布朗人初时仅把茶叶当作清热解渴的良药和配菜佐料，随着与茶的长期相伴，他们更加深刻地认识到茶叶的广泛用途，把茶从野生驯化为规模化人工栽植，开辟了连片种植的千年万亩古茶林。凡是布朗族居住地都是古茶树丰富地，形成“濮人种茶”现象。班章，意为“桂花飘香的地方”。老班章和新班章，曾是布朗族居住地，后为哈尼族居住地，古茶树面积 3 000 多亩。景迈万亩古茶园、双江千年古茶树、西双版纳茶树王无不与布朗族紧密相关。布朗族还在历史上创造了自己独特的茶技，如竹筒茶、酸茶、竹筒蜂蜜茶、煳米茶。布朗族也是云南最早种茶的民族之一。1 700 多年前，布朗族的先民已开始引种、栽培、利用茶树。可以说布朗族到哪里定居，就在哪里种茶，至今布朗族生活或曾经生活过的地方，均保存有大面积古茶园和许多千余年的古茶树。居住在澜沧江沿岸一带的古代濮人，就是今天布朗族、佤族、德昂族的先民。“普”也是“濮”的民族称谓的同音异写，“普洱”即“濮儿”。故普洱地名和普洱茶也因“濮儿人”而得名。

(2) 茶俗茶饮

布朗族的祖先就和茶叶结下不解之缘，他们的先人分布在古树茶分布的地域，他们不仅喝茶，还将茶叶制成多种美食食用。

①竹筒酸茶：在喜庆之时或客人来访时，将竹筒酸茶挖出，取出茶叶拌上辣椒，撒上食盐来款待宾客。

②喃咪茶：喃咪茶是一种蘸喃咪吃的茶，在勐海县打洛等地的布朗族人以茶当菜吃法，将新发的茶一芽二叶采下，放入开水中稍烫片刻，以减少苦涩味，再蘸喃咪吃；有的不用开水烫，直接将新鲜茶叶蘸喃咪佐餐。

茶在很多民族婚俗中都是作为一种礼品或饮料形式而出现，但是在布朗族婚俗中，茶的寓意更深，是男女双方交流的一种方式。在男女双方恋爱阶段，女孩子泡茶的浓淡表示着对对方的合意程度，茶水很浓，量很少，表明对对方很合心；茶水很淡，且用大碗盛茶水，量很大，其含意是自己与对方没有缘分。同时，茶也是布朗族男方提亲时必不可少的礼物之一。青年男女订婚时，男方必须送给女方一只公鸡、一筒酸茶、一包盐巴、一包辣子、一包烟、两瓶酒。结婚时，酸茶是必不可少的。在一些布朗族寨子，姑娘出嫁时，往往把一包包的散茶作为陪嫁品带到婆家，有的甚至还把一块块茶园、一棵棵大茶树作为陪嫁品划归婆家。

在云南西双版纳的布朗族，举行婚礼的这一天，男方派一对夫妇接亲，女方则派一对夫妇送亲。女方父母给女儿的嫁妆中有茶树、竹篷、铁锅、红布、公鸡、母鸡等。不管穷富人家，在给女儿的嫁妆中，茶树是必不能少的。

(3)特色点评

比较布朗族与基诺族茶俗，从云南特有、人数较少、直过民族的族源、生态环境、种茶历史等几方面看，布朗族和基诺族很相似，茶叶都是两个民族生存和发展中重要的农业生物资源。

茶是大自然给予勤劳善良的布朗人最好的馈赠之一。自古就受到茶树恩泽的布朗人，无论是物质生活中的吃茶、品茶、做茶，还是精神层面的敬茶，对茶及其茶神的热爱与敬畏，发挥到了极致。布朗族是以茶为生的民族，茶文化是布朗族最重要的民族文化。

6.4.3 哈尼族

6.4.3.1 族称

哈尼族有“碧约”“哈尼”“豪尼”“卡多”“阿木”等自称，他称 20 多种。哈尼族历史悠久，有考证表明，远在唐代以前哈尼族即在宁洱一带居住。中华人民共和国成立以后，根据民族自愿统称为哈尼族。

6.4.3.2 族源

哈尼族早期与彝族、拉祜族等同源于古代的羌人。哈尼族的这些族称都有“和人”之意，即“山坡上的民族”。云南省红河哈尼族彝族自治州绿春县是哈尼族高度聚居的一个县。全县总人口 230 879 人，哈尼族有 201 850 人，占全县总人口的 87.4%，是全国少数民族人口比例最高的县之一。绿春县还是一个边境县，东南与越南民主社会主义共和国毗连，国境线长 153 km。单一少数民族人口在一个县中能够占如此高的比例，是我国民族地区所少见的。

6.4.3.3 民族茶事

(1)茶文化

哈尼族是最具自然和谐精神的民族。西双版纳哈尼族古老茶区还有两则哈尼族发现茶的传说：一个是在很久以前，一位勇敢而善良的哈尼青年猎手在山中猎到一只豹子，用大锅煮好后，邀请全村寨的人去分享。哈尼村民们边吃边唱边跳起本民族传统舞蹈“咚八嚓”。跳了一通宵，便觉口干舌燥，就去树下烧了一锅开水，刚揭开锅盖要打水喝时，一阵大风把许多树叶吹落到锅里，开水变成了绿黄色。哈尼族人尝了这种绿黄色的开水后，觉得苦中带甜、清香爽口，就把这种树叶称为“糯博”，也就是茶叶。从此，哈尼人开始利用并栽培茶树。另一则传说与诸葛亮有关，前文已有讲述。

哈尼人栽培利用茶树的历史已近千年，稍晚于布朗族。从勐海县南糯山的历史来看，爱尼族(哈尼族支系)从墨江经景洪渡澜沧江到达南糯山时，山上已有了布朗族抛弃荒废了的茶园。爱尼族对这些茶树历代加以保护、利用，并不断新植、改造，使南糯山茶叶生产不断发展。至清代，南糯山成为普洱茶原料的重要产地之一，这是历代爱尼族辛勤耕耘的结果。南糯山栽培型古茶树王得以存活800多年并在1951年被世人所发现，也是50多代爱尼人加以保护的结果。云海梯田是哈尼文化的象征，在元江的南岸，有一个以云海梯田景观和哈尼民族文化而闻名的地方——那诺。那诺的梯田，是哈尼族千百年来改造自然的历史见证。哈尼族主要从事农业，也善于种茶。哈尼族种植茶叶的历史久远，梯田里隐着茶园，彰显着最美妙的茶稻交融的画面。当今哈尼族地区的茶叶产量占云南全省产量的三分之一。

(2)茶饮茶俗

①土锅茶：哈尼族喜欢土锅茶，哈尼语叫作“绘圆老泼”。这种土锅就是陶罐，用的茶一般是普洱茶，泡茶的水是山泉水。山泉水倒入土锅，煮沸，放一把茶叶，再煮沸，分装进竹茶杯里饮用。哈尼族绝大部分分布在红河和澜沧江中间地带，以哀牢山、无量山广大山区的元江、墨江、红河、绿春、金平、江城等县最为集中，当地茶叶资源相当丰富。用土锅煎煮的茶水清香可口，令人回味无穷。对哈尼族人而言，不可一日无茶。每户哈尼人家都有三样东西不可缺：浓茶、自烤的酒、烟叶及烟筒。

②煨酽茶：甘苦浓烈的煨酽茶，是哈尼族最古老的饮茶方式，是哈尼人日常生活和接待客人时常喝的茶，主要在室内饮用。时至当代，哈尼山寨的日常生活中仍不可一日没有酽茶。将茶叶放入洗净烘干的土陶茶罐中，置于熊熊燃烧的火塘边烘烤，烤至茶叶发出阵阵清香后，再将清水舀入罐中，放在火塘铁三角上煨煮，煨煮时间可长可短，既可煨煮片刻即饮用，也可煨煮1~2 h甚至更长，但以罐中水剩一半时，方能称为正宗的煨酽茶。

③青竹茶：是哈尼族在山里劳动时常喝的茶。砍来竹筒，一端留节。首先在竹筒里倒入适量清水，然后架在火塘架上烧煮，同时用火把茶叶慢慢烤至焦黄后

投入竹筒中，再煮沸竹筒里的水，青竹茶已经制作完成，青竹茶的汤色青绿中带黄，有竹与茶的清香味，慢慢品味，清爽津甜。

(3)特色点评

茶俗与茶文化的交界处如祭祀，如药用，有时是民俗，有时是文化，这也是哈尼人的特点。哈尼人也迁徙，有意思的是不知为什么会迁到布朗人迁走的寨里。更有意思的是布朗人也走得不远，还会回老寨来看看，来祭老茶树。哈尼人向他们学习种茶树。比较下来，哈尼人节日是最多的，用茶的名目就更多些。

6.4.4 拉祜族

6.4.4.1 族称

中华人民共和国成立后，根据拉祜族本民族意愿，正式定称为拉祜族。“拉祜”之意，在自治区成立时的《关于拉祜族自治区若干问题的报告》中说，“拉”即大家拉起手来，代表团结，“祜”即幸福的意思。

6.4.4.2 族源

拉祜族先民属于古代羌人，是用火烤虎肉吃的意思，拉祜族被称为“猎虎的民族”。拉祜族是云南特有的少数民族之一，主要分布在澜沧江西岸，北起临沧、耿马，南至澜沧、孟连、耿马、沧源、勐海、西盟等县。1953 年 4 月在澜沧成立了中国第一个拉祜族自治区(县)。拉祜族还分布在缅甸、泰国、越南、老挝等国家。

6.4.4.3 民族茶事

(1)茶文化

拉祜族勇敢勤劳，善狩猎，能歌善舞；服饰特色鲜明，色调上有原生地西蕃的痕迹。传说在远古洪荒时期，他们乘葫芦飘浮于洪水之中，最后登岸而繁衍，用狗尾巴上黏附的谷粒播种而生息，所以崇拜葫芦，以狗为朋友。表现了最为古朴的人与自然的和谐共处。拉祜族信仰原始宗教，认为万物有灵，必须加以敬奉和祭拜，天有天神，山有山神，古茶园的守护神是茶神。

①祭茶礼：拉祜族有独特的祭茶仪式，每年春茶开采前夕，在天与地交汇的一片古茶园里，迎着冉冉升起的太阳，在最大的一棵古茶树下开始了神圣的祭茶仪式。祭茶仪式以拉祜族寨子德高望重的长者为首，带领其他村民，通过念经、奏乐及一系列舞蹈动作，达到与神沟通的目的。随后，在古茶树下用竹子搭建的一个小祭台上，以米饭、酒、茶等祭品进行供奉，并对古茶树行跪拜礼，默默祈求天神、山神和茶神共同保佑茶叶丰收、茶山繁荣、茶农平安。

②祭神茶礼：拉祜族祭祀活动也时时用茶。农历腊月三十晚上、正月十六日早上和火把节的晚上，拉祜族要包好茶、散、米、饭等，扎好稻(茅)草人，做好竹木枪、月、弩，分别去拜祭山神、水神、树神，祈求平安。上山打猎前，要

用茶、盐、米先敬家神，祈求打得猎物。

③结义茶礼：茶是拉祜族的友好使者。拉祜族一般子女不太多，所以他们喜欢与人结拜兄弟姊妹。结拜时，必须带上茶、盐、米和 1 只公鸡到对方家，由老人、长辈主持结拜仪式。首先泡上茶、宰好鸡，将鸡血滴在茶水里，让结拜双方分别饮下鸡血茶，以示永结同心之好，有难同担，有福同享，并互称双方父母为爹妈。

④乔迁茶礼：拉祜族在建房盖屋或搬迁新居时，也要将茶、盐、米包好，进行祭祀后方才动工或入住，否则认为不吉利。

⑤婚俗茶礼：茶叶在拉祜族的婚俗中是不可缺少的，青年男女交往定情后，男方父母要先请媒人带上一些茶叶、米面、草烟、烧酒等礼物到女方家说亲。说亲时，媒人还要亲自在火塘边煨一罐茶，依次端给姑娘的父母、舅父及叔伯们喝。如果姑娘的父母喝了茶，则表示同意婚事，如不喝则表示拒绝。婚事确定后，男方要正式下聘礼，聘礼主要有米面、烧酒、猪肉、盐巴、茶叶、红糖、布匹、衣服等。结婚时，新婚夫妇要在伙伴的陪同下，带着竹筒打来泉水，烧茶、煮饭，将茶水和米饭敬献给女方及男方的父母。

在拉祜村寨，到处有古茶树，家家晒着茶。他们的茶树多种在 1 800 m 左右的南亚热带山坡上，做的普洱茶滋味特别鲜醇。拉祜族人在长期种茶、饮茶的过程中培育着自己独特的茶文化。

(2)茶饮茶俗

拉祜族屋内多设火塘，喜食烤茶、香竹筒茶、糊米茶、雷响茶等茶饮。

①“糟茶”：糟茶是拉祜族一种古朴的茶饮，采下嫩茶叶后，加水在锅中煮至半熟，取出置于竹筒内存放，饮用时取少许放在开水中再煮片刻，即倒入茶盅饮用。糟茶茶水略有苦涩酸味，饭后饮用有解渴开胃的功能，风味特别。

②明子茶和盐茶：这两种是茶入药的典范。拉祜族山寨多为松树环抱，拉祜族首先发明了茶和明子混煮兑胡椒引子能治风寒性重感冒的药方，即明子茶。其中，明子、茶叶混煮兑通管散、甘草能治气管炎、哮喘病；将茶叶、糯米、扫把叶炒煳焦后倒入开水煎熬，再兑几粒砂仁作引子即做成糊米茶，治腹泻；将鲜叶、红毛树尖、枪子果藤尖、骂犁果尖混嚼后，用温水吞服，俗称口嚼茶，能畅通肠胃，治消化不良、结肠炎；把茶叶煮沸，兑一点火烧红盐后饮用，治肝火旺、肚腹热、口腔或舌头热泡。

③丁香茶：拉祜族丁香茶属于药膳茶饮，是拉祜族人民敬茶、爱茶、用茶、祭茶的典范。传说丁香茶是拉祜族茶神“厄莎”所创制，然后传给拉祜族人，为拉祜族人民消灾解病。所以拉祜族在泡制丁香茶前要拜祭茶神。拜祭茶神时，由一名拉祜族老者带领一对童男童女和泡制丁香茶的族人，端一个茶盘，盘内盛放

一碗大米、一包茶叶，老者手中托一只红公鸡，口中念念有词。祭词的大意为："我们敬仰的厄莎茶神，是您赐予了我们茶叶，是您替我们消除病魔。您赐予的丁香茶平心通气，提神健体，使我们拉祜族得以世代繁衍生息。我们永远记住您，拉祜族最崇敬的茶神厄莎。"祭祀结束后，泡制丁香茶的人要净手，开始泡茶。将火塘生起火，在三脚架上烧上一铜壶山泉水，洗净土陶茶罐，放在火塘中烘烤，使水汽散净，罐变温热，取3~4 g晒青毛茶、3粒丁香、几颗芦子，一起投入罐中抖烤。烤至茶叶、丁香、芦子跳泡焦黄，散发出焦香时，冲入沸水煨煮1 min，再放入野丁香花根、甘草、葛根等稍煮片刻，即可分茶、敬客。丁香茶茶药相间，茶汤色泽清澈淡黄，入口微苦，随后回甘，具有清热解毒、消食健胃、通气润肺、健肾补气之功效，是难得的保健茶饮。

(3)特色点评

拉祜族早期是游牧民族，常常狩猎各种野生动物获得肉食。自迁入澜沧江流域后，受到当地的土著民族布朗族、佤族影响，开始种茶、饮茶，很快形成了饮茶的嗜好。茶能解腻，能改变好多食肉带来的不足。拉祜族群承认自己是外来、后来的族群，是射虎游猎、烤虎肉吃的族群，不善农耕，就尽量向周边的其他民族学习，学习栽茶做茶，享受茶的好处，形成了本民族独特的茶文化。如此善于学习吸收，丁香茶让人分不清这药茶是茶俗还是茶文化，看不出受哪个民族(如布朗族、佤族、汉族)影响的痕迹更重。

6.4.5 基诺族

6.4.5.1 族称

1979年，基诺族被正式确认为单一民族。基诺在本民族语言中，"基"是舅舅，"诺"是后代，直译为"舅舅的后代"，是尊敬舅舅的民族。历史文献中有"三撮毛""攸乐""卡诺"等他称的零星记载。

6.4.5.2 族源

相传，基诺族的发祥地是"司杰卓米"，是基诺山东部边缘一座海拔近1 440 m的高山，现在叫孔明山。山中结出的100个小葫芦中，仅长成1个，却长得像房子一样大，里边还有人在说话，打开一看，葫芦里出来4种人，先出来的是基诺族人，依次而出的是汉族人、傣族人、哈尼族人(有的说还有第五种人，是布朗族人)。他们各自找到了自己的家园。这个传说反映出在远古时代基诺族同汉族、傣族、哈尼族等民族的密切关系。

传说基诺族的祖先是孔明南征部队丢下的一部分，为了这些落伍者的生存，孔明赐以茶籽，命其好好种茶，还叫照他帽子的样式盖房。基诺族男童衣背上的圆形刺绣图案，据说是孔明的八卦，祭鬼神时也呼喊孔明先生。这也在一定程度上反映了古代基诺族人同汉族人的密切联系。雍正七年至十三年(1729—1735年)

在攸乐山的茨通寨筑砖城，派骑兵、步兵约500人驻守该地，设攸乐同知。清雍正十三年(1735年)因“烟瘴甚盛”，驻军和行政官吏病死颇多，清廷撤销了攸乐同知，委任基诺族首领为“攸乐土目”，作为代理人直接管理基诺山区。

6.4.5.3 民族茶事

(1)茶文化

基诺族史诗《麻黑和麻妞》有关于茶最早的描述。《诸葛亮南征“丢落”说》也有茶文化起源推测。

基诺族人世代与茶相伴，茶自然也成了他们在祭祀中与先祖沟通的良好桥梁。基诺族人每年都进行茶神的祭祀活动，以表达他们对带来美好生活的茶树的感激。祭祀茶神在每年春茶开采前，在古茶树下，先由祭茶师带领村民祭茶，祭茶师必须用一把世代相传、象征祭茶师身份的刀杀鸡，并洒下鸡血，向茶神祈求茶叶丰收，一边洒血一边念祈神的祭词。然后每家每户再到自家茶地里再次祭祀茶神，才开始采茶。

基诺族大鼓是基诺族创世传说中的神圣之物，是基诺族崇拜的神器。基诺族有独特的以茶祭鼓的习俗。在基诺族的各种节庆活动中，大鼓舞必不可少。在每年新年节(特懋克节)都要举行祭鼓仪式，祈求祖先保佑人畜兴旺、五谷丰登。祭品有猪、鸡、米饭、茶、酒等。基诺人爱茶、好茶、懂茶、惜茶，在茶叶的生产、制作和饮用过程中，创造出了本民族独特的茶文化。

基诺山是普洱茶六大茶山之一。传说三国时，基诺人就已开始种茶，并能进行初步的茶叶加工。清朝初中期，普洱茶盛极一时，西双版纳六大茶山最高年产量曾达8万担，其中车里、攸乐山、大勐龙等产茶5 000余担。1729年清政府设立“攸乐同知” 始派官员征收茶捐赋税，当时有许多茶商和马帮前来收购茶叶，基诺山的竜帕寨曾是清政府设立的茶场，是当时的制茶中心。

基诺族的茶史与茶文化从凉拌茶开始，经历了4个阶段——火燎鲜茶、天工茶、竹筒茶、铁锅蒸茶。火燎鲜茶：手持大叶鲜茶细枝，在炊烬上反复燎烤，直至茶叶干黄卷曲散发出香味(其实具有杀青作用)，放入竹筒烧煮，便可饮用。天工茶：取鲜茶叶，用冬果叶(或大白叶、芭蕉叶)包裹2~3层，放在火中烧烤，烤出茶叶的焦香味后，取出晾干储存。竹筒茶：用长约40 cm的新鲜竹筒，放入鲜茶，用木棒边舂边填，直到填满舂紧，用芭蕉叶盖紧竹筒口，在火上烧烤，待烤出鲜茶与竹子的清香味，剖开竹筒即成筒状干茶。铁锅蒸茶：铁锅上置甑子蒸茶，制茶生产力大为提高。

酒与茶融合是基诺族茶文化中最具魅力的部分。茶酒的制作用基诺山纯净的山泉水与大叶种茶配制而成。茶：水=1：70的比例，将茶水煮沸后，滤出叶底。茶汁冷却后，加入一定量的蔗糖，把茶糖混合液加温后冷却，放入酵母调匀后装瓶，放入地窖避光，保持外界温度(25±2) ℃，经一段时间的摆放发酵即可。

(2)茶饮茶俗

①凉拌茶：凉拌茶是基诺族一种原始的食茶法。将刚采收来的鲜嫩茶叶新梢，稍用力揉软搓细，放在大碗中加上清泉水，再加入黄果叶、酸笋、酸蚂蚁、白参、大蒜、辣椒、盐巴等配料拌匀，腌 15 min。基诺族人除了用泉水或凉开水凉拌的吃法以外，也有把揉搓后的茶叶直接拌调料吃，而不加清水的。这种“凉拌茶”用糯米饭作为搭档佐餐，清香甘甜，余味悠长。基诺族的凉拌茶是研究流域内先人发现利用茶树过程的活化石。他们从食用鲜叶到古法加工再到机制各种干茶都同时保有着，简直就是茶叶加工史完整再现版。

②烤茶：用炭火将土罐烤热后，把茶叶放于罐内烤热、烤黄、烤香，再加入开水煮沸，所以烤茶也称“罐罐茶”。煮好的烤茶口味非常的浓烈，很难直接入口，因此要先在杯中注入清水，然后将浓浓的茶汁倒入，将茶水兑得清淡些。烤茶汤色红酽，滋味醇浓，提神生津，解热除疾。有好几个民族有同样或类似的茶饮茶俗。

③包烧烤茶：也称“菜包茶”，是用芭蕉叶或当地的一种“扫把叶”包成。先将芭蕉叶用火烤一烤，把粗老的鲜茶叶放到芭蕉叶中包好，埋入火塘内炭火灰下，上面堆柴烧烤，待 10 min 后，芭蕉叶烧烤成焦黑色即可取出。剥去焦黑芭蕉叶，把茶叶放入茶壶中煮饮，也可放入茶杯中直接用开水泡饮。包烧茶现烧现用时汤色黄绿，清香爽口。若烧好后晾干，几天后再煮(泡)，则成暗红的汤色，香气稍逊，滋味却不失醇和。“菜包茶”是基诺族同胞在田间干活时临时的饮茶方式，可以当时在田间立即饮，也可晒干留起来以后慢慢泡饮。

④煮茶：流行于基诺山基诺族聚居地。先用茶壶将水煮沸后，再将经过初加工的茶叶投到正在沸腾的茶壶内，经过 3~5 min 的爆煮，茶已从壶里溢出时，迅即将茶渣连同茶水一起倒入竹筒或者背壶，即可饮用。此时，就地取材的竹筒便成了基诺族喝煮茶的重要器具。

基诺族人好客，很注重礼节，家中来了客人，主人习惯一边为客人斟茶，一边为客人唱祝福歌。在基诺族重要的社交场合中，茶也扮演着重要的角色。

(3)特色点评

基诺族是国务院最后认定的一个民族，直过民族之一。现在基诺人对茶的认识、认知水平很高，很现代。切木拉几年前还是一名中学老师，现在的身份是祭茶师，还是村里的领导。平时带领村民做机制茶，也用古法制茶，非常尽心尽意地传承基诺族茶文化。他带我们参观清雍正十三年(1735 年)茨通寨筑砖城遗址，说如果那时设的攸乐同知建立了悠乐城，那现在就是悠乐茶而不是普洱茶了。他说这话神情自信又有些落寞。走进基诺山就可看见茶叶加工工艺从无到有，从古代到现代的全版展示。

6.5　澜湄一江水，共一样的茶树

澜沧江复杂的自然地理及生态环境，复杂多变的社会历史条件(大多数历史时期与中原王朝关系密切，少数时期与周边东南亚政权关系密切，向印度洋开放，中原王朝对云南的政策时有变化)，多种族群的迁徙、交汇、碰撞，这些都是流域内多民族和丰富多彩的民族茶文化形成的重要因素。

澜沧江出境后，流经缅甸、老挝、泰国、柬埔寨、越南，进入太平洋，一路哺育了20多个民族。中老缅泰四国山水相依，澜沧江-湄公河流域享有共同的生态环境和植被覆盖。调查表明老、缅、泰三国都有大面积的古茶树、古茶园存在。古茶树多在原始森林里，多年来生态环境得到了很好的保护，滇南地区的自然地理气候和这几个国家相同，共享同样的自然环境和生态结构，有同一类树种存在也是理所当然。中国云南与东南亚缅、老、越山水相连，边界线长达3 207 km，与泰、柬相距甚近，汉藏语系的藏缅语族与南亚语系的孟高棉语族相互交融，民族相通，风情趋同，佛教文化，同宗同脉，澜沧江流域民族茶文化也被他们认可认同。发展云南民族茶文化，让中华民族茶文化走出国门，云南乃是国际化大通道。

6.5.1　走进老挝古树茶

老挝的古茶树，生长在原始森林之中，周边都是一些南方的果树。茶树与果树以原生态的方式混杂生长，伴生在一起。老挝红茶是将印度制茶工艺和老挝民族工艺相结合而成的原生态茶。老挝古树茶的特点主要是香气，茶有自然的蜜香和水果香。生长在原始森林之中的古树茶园和果树混生，园中所产茶叶带有芬芳飘逸的果香。

老挝古茶树部分生长靠近中国云南西双版纳的亚热带地区，紧邻中国云南易武，国境内大部分为山地和高原。其中丰沙里省地处老挝北部，古时是远近闻名的马帮集散地，也是历史上普洱茶的重要产地之一。在老挝，很多地方几乎都是原始森林，地广人稀、土质肥沃，方圆几百里山岭绵延，云雾缭绕，野生古茶树群落分布于海拔1 680 m的山地。以前印度在老挝开发红茶，但是半途而废没有形成产业化。老挝大树茶有它独特的优势，老挝是一个零工业的国家，在绿色、纯天然方面有着天然的优势。

6.5.2　泰国茶产业

泰国目前拥有1.53×10^8 m^2的茶园。泰国茶叶每年都远销欧洲、美国以及中国台湾等国家和地区，出口金额约241万美元。

泰国人喜爱在茶水里加冰，一下子就冷却了，甚至冰冻了。在气候炎热的泰国，饮用冰茶使人倍感凉快、舒适。冬天，则品到热红茶加奶，有点西式风格，还酌量放菊花蜜。泰北与中国云南接壤，吃的腌茶，做法出自中国云南的布朗族、景颇族、德昂族等民族，吃时将它和香料拌匀，放进嘴里细嚼。腌茶是泰国当地世代相传的一道家常菜。

6.5.3 越南茶产业

越南种植加工茶叶的历史悠久，但有关茶叶方面的记载资料到1955年才出现。当时越南全国约有5 400 hm^2的种茶区，其中的60%左右出口到法国及其海外属地。越南南北分治后，南越地区成为红茶的主要生产和出口地区，销售对象主要是英国。当今越南茶产业大多集中在中部和中北部山区。主要生产绿茶和红茶。伊拉克、英国、日本、美国、印度、巴基斯坦和俄罗斯等40多个国家和地区是越南茶叶的主要出口和销售市场。

越南人常用茶饮有红茶、绿茶、花茶、农桑茶。

6.5.4 缅甸特色茶俗

缅甸人很喜欢喝茶，早午晚餐都在茶座、茶餐厅解决，一天喝上三五次奶茶、拉茶是常事，生活非常悠闲。喝茶的习惯受到印度、中国的影响。特色的“嚼茶”：先将茶树的嫩芽叶蒸一下，然后用盐腌，最后掺上少量其他佐料，放在口中嚼食。缅甸缅族人还有饭后喝热茶的习惯，用茶叶拌黄豆粉、虾米松、虾酱油、洋葱末、炒熟的辣椒籽等，搅拌后冲成怪味茶饮用。

缅甸古茶树数量多，高大，基本没有人为改造过。澜沧江-湄公河流域的缅甸、老挝和泰国北部山区，有少部分乔木大茶树，是古代的濮人种植的，现在的布朗族、佤族和德昂族就是百濮的后裔。果敢人中有布朗(也称崩龙)族、佤族、本人族(布朗族祖先)等民族。相传，本人族种茶不兴芟(念 shān)挖，称茶园为“树林茶”。芟就是修剪的意思。汉人到易武后才开始芟挖茶园，并在腊月、正月准备制茶用的柴火，二到九月采茶。所以有人讲果敢最早的拓荒者是数百年前乃至更早来自易武一带的，果敢茶与班章茶是一个树种。

6.5.5 柬埔寨茶俗

柬埔寨人向来就有喝茶习俗，受华人影响，因毗连中国广西，喝茶习俗有些与中国广西相仿。他们还喜爱饮一种玳玳花茶(越南人也喜爱)。代代花晒干后，放上3~5朵，和茶叶一起冲泡饮用。一经冲泡后，代代花和茶两者相融，绿中透出点点白的花蕾，喝起来芳香可口。玳玳花茶有止痛、去痰、解毒等功效。

澜沧江-湄公河流域内多种民族自古就有相同的种茶、饮茶和吃茶的习俗，这几个国家和滇南地区很多少数民族同宗同源(傣族、布朗族、拉祜族、哈尼族、阿卡族、苗族、瑶族等)，自然就享有共同的饮食习惯和民族茶文化。茶可消湿热，可解糯米一类的腻，可做成菜吃。老曼峨、曼兴龙自古就有吃酸茶的习惯，缅甸、泰国至今也都有吃茶、吃腌茶的习惯；在泰国更是把酸茶当作招待朋友的一种美食。茶树作为一种食用菜品，不论他们的部落迁徙到哪里，都会带着茶种，走到哪里，种到那里。

下　篇

前文回顾了澜沧江流域古茶树的古人文生态、古生态环境的变迁发展，再看现代茶山、茶园、老茶树、小茶树、茶树品种、茶品牌或茶文化，表面上看仍如古茶树、古茶园、古茶、古茶树生态系统一样，是被一个或几个民族环绕着，是个别民族的茶事、茶俗、茶礼。实质上以普洱茶为表征，已经被统一成为流域内全体民族群众共谋的事业，不再是哪个民族的茶、茶业、茶文化，而是流域内、云南省茶产业和云南民族茶文化。普洱茶产业或文化是我国茶产业和中华茶文化的重要组成部分。本篇着重介绍澜沧江流域内发展中的现代茶产业、茶文化。

7 流域内发展的现代茶产业和茶文化

云南省16个州(市)，有14个地州产茶，现代茶园主要集中在澜沧江流域内的西双版纳、普洱、临沧三大茶区，它们的茶园面积均超过100万亩，占全省茶园总面积的66.7%，产量占比达73.3%。其次是澜沧江流域内的保山茶区，面积61.32万亩，产量$5.43×10^4$ t，分别占全省总量的9.1%、12.6%。有史以来，澜沧江流域内多民族围绕普洱茶产业文化的建设，形成了特色鲜明的“云茶”产业文化体系，“云茶”成为国家茶产业文化体系的重要内容。

2020年，云茶产业紧紧围绕中共云南省委、省政府打造世界一流“绿色食品品牌”的部署，全面贯彻落实《关于推动云茶产业绿色发展的意见》精神，以培植“千亿云茶产业”为目标，强化政策引领，立足转型升级、提质增效、创新发展；坚持稳面积、抓质量、重品牌、强标准、拓市场、促流通；着力生态、绿色、有机茶园建设；突出“普洱茶”“滇红茶”两大区域公共品质，既坚守好传统加工工艺，又顺应市场要求，生产适应消费者需求的新茶品，打好云茶“绿色茶、有机茶、健康茶”品牌，促进云茶产业健康发展。

7.1 发展中的现代茶产业

7.1.1 现代茶园、茶树资源与良种

围绕着澜沧江流域，从古至今，茶产业有了长足发展，澜沧江孕育的茶文明更是被发扬光大，从现代茶园、现代茶树资源与良种可见一斑。

7.1.1.1 现代茶园

2019年，云南省茶园面积634.03万亩(图7.1)，干毛茶产量$44.28×10^4$ t(图7.2)。涉及澜沧江流域的普洱、临沧、西双版纳、保山、大理5州(市)的茶园面积498.80万亩，占全省78.67%；成品茶产量$39.44×10^4$ t，占全省89%。

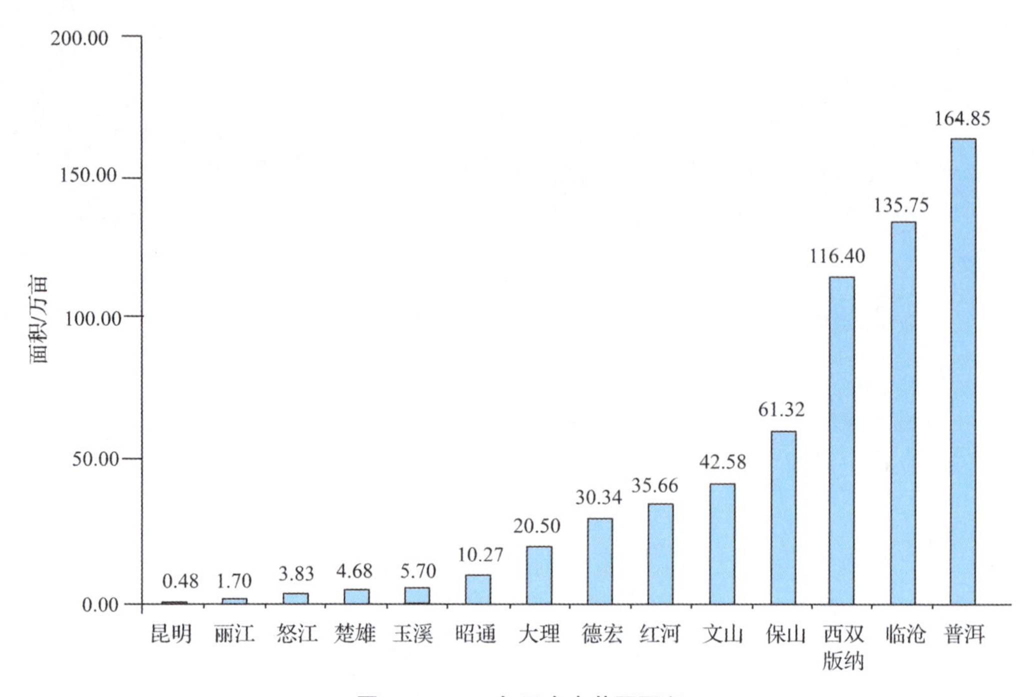

图 7.1　2019 年云南省茶园面积

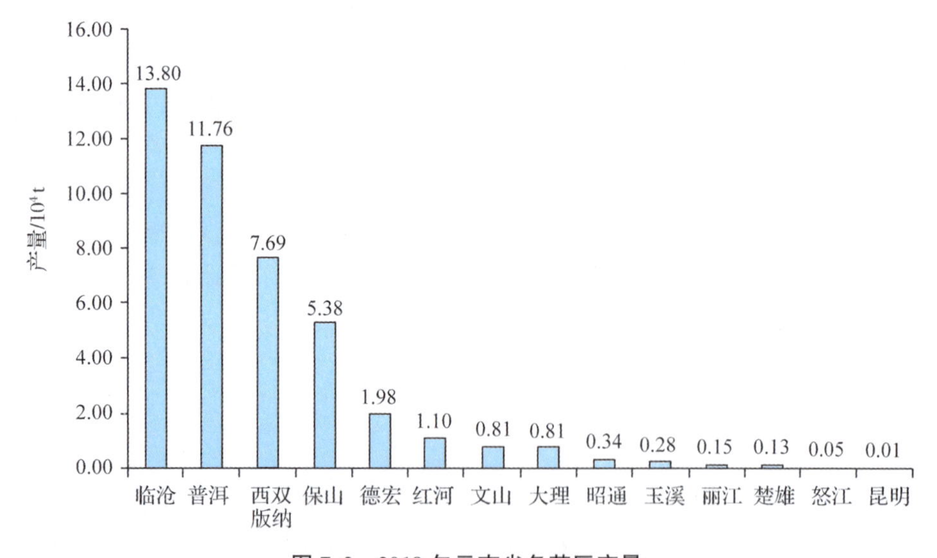

图 7.2　2019 年云南省各茶区产量

云南省全省获得绿色食品认证的茶园面积 37.98 万亩，占全省茶园面积的 6.03%，约占全国获绿色食品认证茶园总面积的 12.5%。通过绿色食品认证茶企 56 家，273 个产品取得绿色食品标志，占全国精制茶获证产品数量的 13.09%。

省内获绿色食品认证茶园面积最大的州(市)为临沧市。云南省全省获得有机认证茶园面积达45万亩，占全省茶园面积的7.14%，约占全国获得有机认证茶园的14.2%，获证企业超200家。省内获得有机认证茶园面积最大的州(市)为普洱市。因此，云南省茶园绿色化面积主体集中在澜沧江流域的主产茶区。

7.1.1.2 茶树资源与良种

澜沧江流域茶树品种资源十分丰富，区域性、特色化的优良品种资源众多。

(1)国家种质勐海茶树分圃

"国家种质勐海茶树分圃"所在地勐海，圃址海拔1 176 m，年平均温度18.1 ℃，极个别年份出现绝对最低温-5.4 ℃，无霜期323天，年降水量在1 400 mm以上，年平均相对湿度82%。土壤呈酸性、微酸性。冬无严寒，夏无酷暑，是一个天然的茶树资源保存库，也是我国最大的大叶茶种质活体保存基地。1990年，该圃被认定为"国家种质勐海茶树分圃"。从1981年开始，云南省茶科所与中国茶科所联合共同开展了云南茶树资源考察征集。历时4年，先后对云南的15个地(州)61个产茶县进行了较全面的考察。征集到材料410份，标本339份，发现野生大茶树198处。按照植物学家张宏达对山茶属的分类系统，共发现17个新种，1个新变种。圃内迄今已保存包括22个种和7种山茶科非茶组植物的各类资源830份(其中栽培型600份，野生型206份，过渡型2份，野生近缘种22份)，是国内最大的大叶茶保存基地。

(2)地方性茶树良种

澜沧江流域为各产区提供了丰富的茶树种质资源，结合产业发展孕育了一批批国家级、省级、地区级茶树良种。

①勐库大叶种

勐库大叶种属乔木型、特大叶类、早芽优良群体茶树品种，是1984年全国茶树良种审定委员会认定的第一批全国30个茶树良种之一。原产于双江拉祜族佤族布朗族傣族自治县勐库镇，原种种性纯度高。目前分布在双江、临沧、镇康、永德、凤庆、昌宁等县。中华人民共和国成立后，广东、广西、海南、贵州、四川等省(自治区、直辖市)曾先后引种大面积栽培。植株乔木型，树冠高大，分枝较稀疏，树姿开张。叶大，平均叶长13.8~21.9 cm，宽5.8~9.0 cm，以椭圆形为主。叶尖渐尖，叶面强隆起，叶片厚而柔软，叶缘微波，侧脉10~12对，叶齿疏浅钝。成叶色深绿，嫩叶黄绿。发芽期早，生长期长，育芽力强。芽叶肥壮，茸毛多，持嫩性强。一芽三叶百芽平均重121.4 g。开花盛期在11月中旬，结实率低；产量高，在良好条件下栽培亩产150~200 kg，最高达400 kg。

②凤庆大叶种

凤庆大叶种属有性系、乔木型、大叶类、早生种。原产于临沧市凤庆县大寺乡、凤山镇等地，即明代《徐霞客游记》记载的“太华茶”。目前分布在凤庆、昌宁等滇西茶区。是我国1984年首次认定的国家级良种，编号为“华茶13号(GsCTl3)”。树姿直立或开张；叶形椭圆或长椭圆，叶色绿润，叶面隆起，叶质柔软，便于揉捻成条。嫩芽绿色，满披茸毛，持嫩性强，一芽三叶百芽重9.0 g，较勐库大叶种轻，没有勐库大叶种肥壮。春茶一芽二叶含氨基酸2.9%，茶多酚30.2%，咖啡碱3.2%，儿茶素总量13.4%。成品茶条秀毫显，鲜爽度优于勐库种，但收敛性弱于勐库大叶种，滋味浓而甘甜。

③勐海大叶种

勐海大叶种属于有性系、乔木型、大叶类、早生种。原产于西双版纳勐海县格朗河乡南糯山等地，目前主要分布在西双版纳、思茅等滇南茶区。是我国1984年首次认定的国家级良种，编号为“华茶14号(GSCTl4)”。植株高大，自然生长情况下树高可达2~20 m，树幅1.8~5.2 m，树姿直立或开张，主干明显，分枝稀疏。叶特大，叶形椭圆或长椭圆。叶色绿，富有光泽，叶面隆起，叶质柔软肥厚。嫩芽黄绿色，茸毛多，持嫩性强。一芽三叶百芽重153.2 g。春茶一芽二叶含氨基酸2.3%，茶多酚32.8%，咖啡碱4.1%，儿茶素总量18.2%。

④南糯山大叶茶

南糯山大叶茶属于有性系、乔木型、大叶类、早生种。原产于西双版纳勐海县格朗河乡南糯山，为当地主要栽培品种，是世界公认的“南糯山茶树王”的后代。大叶椭圆形，叶面微隆起，叶色绿而有光泽，叶尖渐尖，叶背和叶脉有毛，叶柄多毛。幼嫩芽叶黄绿色，茸毛多。一芽三叶百芽重148.7 g。春茶一芽二叶含氨基酸2.1%，茶多酚31.9%，咖啡碱4.1%，收敛性(茶气)特强，滋味浓强甘甜。

⑤景谷大白茶

景谷大白茶属于有性系、乔木型、大叶类、晚生种。原产于普洱市(原思茅市)景谷县民乐乡苦竹山。植株较高，自然生长情况下树高可达4~5 m，树幅3.9 m，树姿半开张，主干明显，分枝稀疏。叶特大，椭圆形；叶色浓绿，富光泽，叶面隆起，叶质厚软，叶缘平。嫩芽绿色，肥壮，多茸毛。一芽三叶百芽重163.8 g。春茶一芽二叶含氨基酸3.8%，茶多酚29.9%，咖啡碱5.2%，儿茶素总量15.3%，水浸出物46.7%。收敛性(茶气)强，滋味浓强甘甜。

⑥邦东大叶茶

邦东大叶茶亦称“邦东大黑茶”，属有性系、乔木型、大叶类、晚生种。原产临沧市邦东乡曼岗村。植株高大，自然生长情况下树高可达9.3 m，树幅7.8 m，树姿半开张，主干明显。叶特大，叶形椭圆。叶色浓绿，富光泽，叶面隆起，叶质厚软，叶缘平。嫩芽绿色，肥壮，多茸毛。一芽三叶百芽重118.9 g。春茶一芽二叶含氨基酸 2.8%，茶多酚 28.3%，咖啡碱 4.4%，儿茶素总量 18.5%，水浸出物 49.4%。

⑦冰岛长叶茶

冰岛长叶茶属有性系、乔木型、大叶类、晚生种。原产临沧市双江县勐库镇冰岛村。冰岛是今临沧市最早种植茶树的地方，勐库大叶茶种就是从这里向外传播的。冰岛长叶茶植株高大，自然生长情况下树高可达 8.2 m，树姿直立，主干明显。叶特大，呈长椭圆。叶色绿稍黄，富光泽，叶面微隆起，叶质软。嫩芽黄绿色，茸毛特多。一芽三叶百芽重 137.6 g。春茶一芽二叶含氨基酸 3.4%，茶多酚 35.1%，咖啡碱 4.9%，儿茶素总量 16.7%，水浸出物 48.1%。

⑧漭水大叶茶

漭水大叶茶属有性系、乔木型、大叶类、中生种。原产保山市昌宁县漭水乡黄家寨。植株高大，自然生长情况下树高可达 5~9 m，树幅 4.0~5.5 m，树姿直立，主干明显。叶特大，叶形长椭圆。叶色绿，富光泽，叶面微隆起，叶质软。嫩芽黄绿色，肥壮，茸毛特多。一芽三叶百芽重 110.9 g。春茶一芽二叶含氨基酸 3.2%，茶多酚 34.9%，咖啡碱 4.9%，儿茶素总量 26.7%，水浸出物 50.0%。

⑨易武大叶茶

易武大叶茶又被称为“易武绿芽茶”，属有性系、乔木型、大叶类、中生种。原产西双版纳勐腊县易武镇。树姿直立或半开张，主干明显。嫩茎稍红，披毛。叶特大，叶形长椭圆。叶色深绿，叶面隆起，叶身平，叶质厚。嫩芽绿而带紫色，肥壮，多茸毛。一芽三叶百芽重 129.8 g；春茶一芽二叶含氨基酸 2.9%。茶多酚 31.0%，咖啡碱 5.1%，儿茶素总量 24.8%，水浸出物 48.5%。收敛性(茶气)特强，滋味浓烈甘滑。

⑩小古德大叶茶

小古德大叶茶属有性系、乔木型、大叶类、晚生种。原产大理市南涧县新政乡小古德茶场。植株高大，自然生长情况下树高可达 8.2 m，树姿直立，主干明显。叶特大，叶形椭圆或长椭圆形。叶色深绿，有光泽，叶面微隆起，叶质厚脆。嫩芽绿色，茸毛特多。一芽三叶百芽重 190.0 g。春茶一芽二叶含氨基酸 1.3%，茶多酚 32.1%，咖啡碱 3.4%，儿茶素总量 26.7%，故收敛性(茶气)较强，滋味浓强甘甜。

⑪其他良种

云抗 10 号、云抗 14 号、云抗 37 号、长叶白毫、云选 9 号、云梅、云瑰等 7 个品种属无性系、乔木型、大叶类、早生种。分别于 1986 年、1987 年、1992 年、1995 年通过全国茶树良种审定委员会组织验收的国家级良种，由云南省农业科学院茶叶研究所从南糯山群体种中采用系统选择育种育成。树姿开张，主干明显。分枝低而密，叶大，叶形呈椭圆形。叶色黄绿，叶面隆起，叶质较厚软，叶身内折，叶边缘微波浪状。嫩芽肥壮，黄绿色，茸毛特多。

以上地方茶树品种都是加工普洱茶的上好品种。

(3)发展中的茶树、茶园栽培管理模式

人类开始栽培茶树、建设茶园，一定是在森林附近，与其他树木混栽，这种混农林茶园是最早的生态茶园，能提供无污染的生态茶。这样的林茶系统，远看是林海，走到林中方知有茶树散布混生在林间。

有史可考的茶树栽培、茶园建设管理模式是依次渐进的。原始的刀耕火种式栽培，到开垦土地后满天星式栽培，然后到坡对坡、行对行式栽培，最后到梯地栽培、台地栽培、速生高产密植规范栽培。

关于低产茶园改造，是过去几十年一直做的一项茶园管理工作。对逐步老化、低产的生产茶园进行改造更新；对撂荒茶园(也称荒野茶、野放茶、放荒茶等)、退耕还林茶地，转换成绿色有机茶园或修复生态，始终是一项有意义的工作。

近些年已有森林茶的提法，森林茶核心还是生态。实践经验表明，在茶区，尤其是贫困山区，广义地把栽在森林中的茶树所构建的森林生态系统称为森林茶园，它可出产森林茶，是人们追求生态茶的高境界。同时，适合的地方，也可以有附属生产森林蜜、森林果、森林药材等森林产品。这是一种以成熟技术、低成本实现生态茶园的有效途径。同时，也在探索建立认证森林茶的体系。

7.1.2 发展中的茶产业、茶企

澜沧江流域现代茶园的聚集，带动了茶产业的兴盛。2019 年云南省茶叶农业产值实现 170 亿元，由此带动了加工、服务三产融合，最终实现 937 亿元的综合产值。分析构成，澜沧江流域的普洱、临沧、西双版纳、保山、大理 5 州(市)的综合产值 806.01 亿元，占全省 86%(表 7.1)。

表 7.1 云南省各茶区综合产值表

州(市)	综合总产值/亿元			占全省比重/%
	2018 年	2019 年	增幅/%	
普洱	268.65	289.40	7.7	30.9
临沧	226.97	242.62	6.9	25.9
西双版纳	158.56	177.37	11.9	18.9
保山	55.85	68.28	22.3	7.3
昆明	49.24	59.33	20.5	6.3
德宏	23.02	29.43	27.8	3.1
大理	24.80	28.34	14.3	3.0

（续表）

州(市)	综合总产值/亿元			占全省比重/%
	2018 年	2019 年	增幅/%	
红河	14.67	17.38	18.5	1.9
文山	9.84	10.51	6.8	1.1
玉溪	4.62	5.74	24.2	0.6
昭通	2.88	3.07	6.6	0.3
楚雄	2.21	2.54	14.9	0.3
丽江	1.51	2.32	53.6	0.2
怒江	0.60	0.83	38.3	0.1
合计	843.42	937.16	11.1	

在茶产业不断发展壮大的同时，云南省培育出了具有国际国内影响力的众多茶企业。2019 年云南省评出的“十大名品”企业，都以澜沧江流域主产茶区为生产基地，形成了规模化生产，这些企业是：

(1)勐海茶业有限责任公司

公司前身为始建于 1940 年的勐海茶厂，目前隶属于大益茶业集团。是中国境内成立最早的机械化、专业化制茶企业之一。2018 年公司实现营业收入 9.7 亿元、利润 6.6 亿元、税收 2.3 亿元。

(2)云南下关沱茶(集团)股份有限公司

下关沱茶品牌创建于 1902 年。2018 年公司实现销售额 2.4 亿元、利润额 5 447 万元、纳税 3 464 万元。

(3)昆明七彩云南庆沣祥茶业股份有限公司

公司拥有“七彩云南”及“庆沣祥”两个品牌，拥有昆明和勐海两个现代化茶叶加工厂，还建设了茶叶产业研究院及七彩云南东莞酝化中心。2018 年公司实现营业收入 2.2 亿元，利润 7 185 万元，税收 4 486 万元。

(4)云南天士力帝泊洱生物茶科技有限公司

公司成立于 2008 年，主要从事现代生物普洱茶的科技研发、生物普洱茶和普洱茶饮料等系列产品的标准化生产和销售。2018 年公司实现营业收入 9 065 万元，税收 2 038 万元。帝泊洱茶珍为速溶茶，主打时尚便捷和健康功效，2018 年产量 165 t，销售额 8 331 万元。

(5)云南龙生茶业股份有限公司

公司自有茶园 8 万多亩，拥有 1 个省级企业技术中心、27 个茶叶初制加工车间。公司为国家扶贫龙头企业。2018 年公司实现营业收入 6 123 万元，利润 800 万元，税收 1 160 万元。

(6)勐海陈升茶业有限公司

公司由著名茶人陈升河先生于2007年创立，是省级重点龙头企业、中国茶叶行业综合实力百强企业。2018年公司实现营业收入2.8亿元，利润2 230万元，纳税1 430万元。

(7)普洱祖祥高山茶园有限公司

公司创办于2000年，长期致力于有机茶的生产研发，先后通过了国内OTRDC有机认证、欧盟EU有机认证、美国NOP有机认证、日本JAS有机认证、HACCP体系认证、雨林联盟认证、UTZ认证、ISO9001：2008等多项国内外产品质量认证和体系认证，建立了全流程质量控制体系。2018年公司实现营业收入2 567万元，纳税252万元。

(8)云南农垦集团勐海八角亭茶业有限公司

公司原名黎明茶厂，是我国历史最为悠久的茶企。曾获“中国普洱茶十大知名品牌”“十大最受欢迎茶叶品牌”和“中国普洱茶十大畅销品牌”称号。公司产品拥有绿色食品、ISO9001、HACCP和云茶品牌(YC)4项认证，连续获得“云南名牌农产品”“云南名牌产品”“云南省著名商标”等荣誉。2018年公司实现营业收入1亿元，利润1 105万元，纳税734万元。

(9)云南昌宁红茶业集团有限公司

公司下辖茶厂13个，覆盖昌宁县25万亩和凤庆县35万亩优质茶园，拥有国际先进的CTC红碎茶生产线6条、名优茶生产线6条、普洱茶生产线2条、蒸气杀青生产线1条、2 000 t级的精加工生产线1条。与全球茶叶销量排名前5的4家公司建立了长期合作关系。2018年公司实现营业收入8 548万元，利润475万元，纳税231万元。

(10)普洱澜沧古茶股份有限公司

公司有50年的建厂历史，在全国有14家直营机构和1 300家加盟商，终端体验店遍布全国各地。2018年公司实现销售收入1.9亿元，利润8 003万元，纳税4 238万元。

7.1.3 发展中的年代名茶

在澜沧江流域内及毗邻的哀牢山山脉，世代上演着以普洱茶为主体，红茶、绿茶为辅的栽培、加工、流通以及民族文化的“茶叶故事”。

(1)历史名茶

①三国—晋：南中茶子。南中即云南，茶子为圆形或块状紧茶，南中茶子与大宛国花红、中国山东柿子、中国河北板栗、印度冰糖等中外名特优产品齐名。

②唐：普洱茶，西番之用普茶，自唐时即开始。

③宋：五果茶，昆明产的一种茶，还有普洱茶。

④明：普洱茶、太华茶、感通茶（大理）。

⑤清：普洱八色贡茶。五斤重团茶，三斤重团茶，一斤重团茶，四两重团茶（女儿茶），一两五钱团茶，盒盛芽茶、蕊茶、茶膏。景谷大白茶贡茶

（2）传统地方名茶

太和甜茶是云南最古老的红茶，至今有300余年的历史，最大特点是“甜”。普洱镇沅振太镇史称“太和”，自古是茶马重镇。

传统的地方名茶还有勐海南糯山茶、双江勐库茶、凤庆凤山茶、镇沅马邓茶、绿春玛玉茶、元江糯茶等等。

（3）现代名茶

①七子饼茶：传统的七子饼茶一包有7饼茶，用竹笋的壳包裹，用竹篾捆几道，再用扁形的竹筐装多包，好放在马背上运输。

②云南紧茶：每年大量运销至西北和西南边疆地区，故又称“边销茶”。历史悠久的云南紧茶选用云南大叶种青茶作为原料，经过蒸压成砖形，外形紧结，美观大方，汤色棕黄，汤味醇浓，是边疆少数民族烹煮酥油茶的上等原料。

③沱茶：沱茶是云南省下关茶厂生产的具有独特风格的传统名茶。沱茶有压制成小馒头形底下有个窝的，压成砖的，压成蘑菇形的，有甲级沱、乙级沱。沱茶外包装用牛皮纸，往往一包里面有多个沱。

④滇绿：“滇”是云南的简称，滇绿茶即云南绿茶。

⑤花茶：花茶采用浓郁芬芳的鲜花和上等滇绿窨制而成。分为茉莉花茶、白兰花茶、珠兰花茶、桂花香茶及大众花茶、香茶。

⑥滇红工夫茶：滇红工夫茶是国际著名红茶。有滇红茶、滇红碎茶（CTC）、滇红条茶、滇红礼宾茶等级别。

（4）国际参展与国际获奖茶

①宁洱县糯茶：曾在美国巴拿马万国博览会展列。

②云南普洱沱茶：1986年获西班牙“第9届国际食品汉白玉金冠奖”；1987年获联邦德国杜塞尔多吉“第10届世界优秀食品奖”，1986年、1987年、1993年三获“世界食品金冠奖”。

③金芽茶（凤庆1958）：国际茶叶最高价获得者。

④凤庆滇红工夫特级：中国国礼茶。

⑤勐海茶厂南糯白毫（1982）、省茶科所云海白毫（1986）、凤庆特级滇红工夫（1986）、凤庆早春绿（1990）：分别获得不同年代的“全国名茶”称号。

⑥甲级沱茶（下关1985）、凤庆滇红工夫一级（1985）、红碎一号（1985、1988）：分别获得不同年代的“国家银奖”。

⑦凤庆滇红工夫一级：获中国首届食品博览会金奖。

⑧勐海滇红工夫二级(1984、1988)、勐海七子饼茶(1983)、勐海红碎2号高档(1984)、江城农场红碎2号高档(1984)、普洱农场红碎2号高档(1984、1988)：分别获得不同年代的“商业部部优”产品称号。

⑨勐腊上允茶厂旋云茶：获“国家星火金奖”。

7.1.4 发展中的茶叶市场

云南省的茶叶市场从古代的普洱府集散地，发展到了如今国际国内兴盛的茶叶市场网络。

(1)国际市场

清代华茶贸易就扩展到了世界，在国际市场，茶叶成为中国的垄断商品，一直持续了长达200年的时间。历史上清政府经常将普洱茶作为国礼赠予外国元首和使节。

香港在1855年成立了“同兴茶庄”，从此香港成为茶叶市场中普洱茶的主要消费区和仓储地。

1740年前后，随着哥德堡号多次往返，已有使节将普洱团茶带到瑞典等欧洲国家。由此可见，云南茶叶逐步走向国际市场。

2006年10月，云南代表团访问瑞典时，瑞典仿古帆船哥德堡号中国区联络主任扬·鲁迪克介绍说：“1739至1743年，哥德堡号先后三次往返瑞典哥德堡和中国广州，带回了大批的瓷器、茶叶和丝绸等中国物品，最有意思的是，还带回来个用普洱茶压制的哥德堡号船模给了国王，因此，可以说至迟在260年前，普洱茶就到了瑞典。”

(2)国内市场

在国内市场中云南茶一直占据举足轻重的地位，从远古的茶马古道构建的市场网络，到现代全国各重点城市的茶叶批发市场、零售网络，都有云南茶的身影。普洱茶的消费市场，从皇室的贡茶和游牧民族的必需品，到粤港台热捧，再到今天，成为国内知名品牌。浙江大学CARD中国农业品牌研究中心“中国茶叶区域公用品牌价值评估”报告显示，2020年普洱茶品牌价值达70.35亿元，较2019年66.49亿元上涨3.86亿元，位居全国品牌价值第二位。目前，全省80%以上的普洱茶销往全国各省、直辖市、自治区及世界30多个国家和地区，在消费者中拥有较高的声誉与知名度，普洱茶向全国市场拓展，引领消费的形势已十分明显。产业地位得到进一步提升。

在云南茶当中，紧随普洱茶其后的滇红，也不断提升着市场地位。2020年滇红工夫茶品牌价值30.15亿元，位居“中国茶叶区域公用品牌价值评估”第19位。较2019年的24.96亿元，品牌价值上涨5.19亿元，位次排序也由2019年的第26位上升了7位，跻身公共品牌价值中国20强，表明云南省功夫红茶市场认可度增强，在适应新兴市场和新式茶饮中竞争价值正在得到释放的形势。

(3) 省内市场

云南最大的茶业专业批发市场在昆明金实、雄达、康乐、前卫、塘子巷、邦盛、新螺丝湾等茶城。在云县有云县滇西茶城，是全省最大的普洱茶原料交易市场。位于云南普洱市思茅区园丁路的中国普洱茶交易市场，是集购物、物流、观光、旅游于一体的专业茶叶交易市场。在西双版纳、普洱、临沧、保山、德宏、大理等地州(县)上的茶叶专业批发市场规模小，省内所有具规模的茶企都在昆明设专卖或窗口。

2020 年 12 月 11 日，茶天下 · 云茶城开业，昆明又添新茶城。茶天下 · 云茶城是专营茶叶的商城。作为昆明经济技术开发区重点招商引资项目，茶城占地 150 亩，拥有 600 多家商铺。此茶城必将为绿色产业发展目标，对推动大产业、新平台发展模式建设，推进茶叶专业市场功能提升，对推动云茶产业发展有积极作用。

云南将确保完成《云茶产业三年行动计划》目标任务，到 2022 年，实现全省茶园全部绿色化，有机茶园基地面积达 150 万亩以上，全省规模以上茶叶加工企业精深加工产品比重达 80%以上，全省茶产业综合产值 10 亿元以上重点县达到 30 个，其中 100 亿元重点县 1 个、50 亿~100 亿元县 2 个。

7.2 发展中的现代茶文化

澜沧江流域内，加上“两山脉”民族茶文化资源，是现存世界上最优越、最丰厚的茶树原产地中心地带、农艺较早起源地。澜沧江流域的茶文化无不是以多民族、普洱茶为主体、为实质。悠久的茶史，优良的茶质，是中华茶文化的重要基础。30 多个民族都用茶、种茶、栽茶，又统一到普洱名下。澜沧江流域的茶文化是少数民族茶文化的发端创造者和发扬光大者，他们的风情人文与汉族和而不同，为民族茶文化提供了鲜明的个性和绚丽的多样性，为中华茶文化不断补充营养。弘扬民族茶文化，就是弘扬中华民族茶文化。

7.2.1 发展中的茶教育

据记载，清末民初，全国已经有茶业讲习所出现。如：1909 年在湖北羊楼洞茶业示范场开设的茶叶讲习所；1910 年四川省盐茶道尹在灌县创办了通商茶务讲习所(四川省立高等茶叶学校的前身)；1916 年湖南省建设厅在长沙岳麓山开设了湖南茶业讲习所；1918 年安徽省在屯溪建立了西年学制的茶务讲习所，并设置了诸如茶树栽培制茶法、茶业经营等专业课程；1923 年云南省设立了茶务讲习所。20 世纪 30—40 年代，由于茶叶生产需要，各地陆续举办过一些训练班或讲习所。这些训练班的开设，为我国培养了一批从事茶叶生产、教育和科研工作的人才。茶学专业的高等教育始于20世纪40年代初期。在当时，茶叶虽然是我国的重要出口物资，但由于缺乏科技人才，国内对茶叶的研究开发落后于印度、斯里兰卡、印度尼西亚、日本等国家，在国际上的竞争力日趋下降。为了恢复与振兴我国茶叶事业，时任财政部贸易委员会茶叶处处长兼中国茶叶公司协理、总技师的吴觉农先生深感必须先培养人才，便在1939年底与内迁重庆的复旦大学洽谈，拟在复旦成立茶叶教育委员会，培训茶叶专门人才，研究茶叶外销与产制技术。1940年复旦大学成立了茶业组和茶叶专修科，并由吴觉农先生作为第一任主任——这是诞生在中国高等学校的第一个茶叶专业科系，对发展中国茶叶高等教育，培养、造就、积蓄人才和振兴中国茶业，都有着重大而深远的影响。

现代云南茶学教育机构有：云南农业大学、西南林业大学、滇西科技师范学院、广播电视大学、普洱学院、滇西应用技术大学、昆明学院都设有普洱茶学院、茶学专业(本科、硕士)、普洱茶研究院所中心等。云南省积极创造条件，培养了大批的边疆各民族茶专业优秀人才。

7.2.2 发展中的茶学会和相关团体

发展中诸多茶的、普洱茶的学会、协会、研究会(表7.2)，让学者有了属于自己的研究场所，茶商有了自己的会所，消费者有了自己可信任的民间、第三方仲裁。究其实质，关键词还是可归为：澜沧江流域、多民族、茶文化。

表7.2 云南的茶协会及相关组织

序号	协会名称	成立时间
1	云南省茶业协会	1964年6月
2	昆明民族茶文化促进会	2002年7月27日
3	云南省老科技工作者协会茶业分会	2005年
4	吴觉农茶学思想研究会云南联络处	2011年11月
5	云南省茶叶商会	2005年3月
6	茶马古道研究会	2005年8月
7	云南民族茶文化研究会	2005年9月
8	云南普洱茶协会	2006年4月
9	中茶协普洱茶专业委员会	2008年
10	昆明茶叶行业协会	2010年6月
11	西双版纳老班章茶研究会	2011年8月22日
12	云南省茶叶流通协会	2013年1月7日
13	云南省专家协会茶叶专业委员会	2013年1月21日
14	云南省古树普洱茶收藏研究会	2014年5月
15	云南省茶叶电子商务协会	2015年6月26日

7.2.3 茶文化博物馆

为了展示古今中外丰富的茶文化，云南省形成了各层级、各类别的茶文化博物馆。

(1)世界茶叶图书馆

世界茶叶图书馆是西南林业大学重视茶学学科的人才培养、科学研究、社会服务、文化传承创新，于2020年首个“5·21国际茶日”成立的。世界茶叶图书馆将集古今中外之大全的茶图书于一馆，为茶书、茶学、茶艺、茶业、茶博、茶人综合体。同时，西南林业大学依托古茶树保护与可持续利用国家创新联盟，推出了“世界茶树原产地古茶树资源展”，全面系统、直观地展示了中国西南，特别是云南古茶树资源的分布格局、资源状况。

(2)云南省茶文化博物馆

云南省茶文化博物馆是云南省级茶文化专项博物馆，是云南茶文化对外宣传的公益窗口。主要展览馆藏的云南普洱茶、茶具，并为参观博物馆的游客提供云南普洱茶茶艺、茶文化知识和互动体验。位于云南省昆明市五华区钱王街86号。

(3)国家植物博物馆茶博馆

2019年10月8日，云南省人民政府、中国科学院、昆明市人民政府合作共建国家植物博物馆签约仪式在昆明举行。国家植物博物馆集“馆、库、园”一体，是将传统博物馆的展陈与鲜活植物的收集、展示与研究、传统文化和大健康产业相结合的综合性大型植物博物馆。项目位于昆明市盘龙区茨坝镇内。国家植物博物馆设茶分馆，以展示中国世界茶树原产地丰富的茶树资源和古老的茶生态系统。

(4)云南普洱茶博物馆

云南普洱茶博物馆将落位官渡古镇内，预计于2024年建成。建成的博物馆将被打造成集普洱茶交易、仓储、展示、体验、科研、旅游六大功能于一体的“世界唯一、中国一流”的普洱茶文化旅游特色小镇。

(5)“千年印记——茶马古道风情展”

此展览由澳门民政总署主办，云南省文物局、云南大学茶马古道文化研究所协办，于2010年4月1日在澳门卢园茶文化馆揭幕，这是海内外首次以茶马古道文化为主题举办的展览。

7.2.4 发展中的茶文化大事记

澜沧江流域发端的茶文化，繁荣兴盛，留下了深厚的文化印迹。

(1)中国普洱茶节

1993年以来，普洱市委、市政府以茶为媒，广交朋友，扩大开放，促进发展，连续成功举办了16届中国普洱茶节。中国普洱茶节已成为一个具有国际性、开放性、公益性的茶界盛会，提升了普洱知名度、认知度、美誉度、影响力，为弘扬普洱茶文化，推进茶产业发展，促进边疆民族地区经济社会发展起到了积极的推动作用。在每两年举办一次的普洱茶叶节上，国际学术活动频繁，茶的诗书画也已兴起。民族茶文化活动有声有色，民族茶文化背景、氛围、聚集、成就，均在澜沧江流域内兴旺发达。

(2)茶寿节

2006 年 10 月 3 日，昆明民族茶文化促进会在宜良群文茶艺馆举办了第一次茶寿会。为祝祖国繁荣，祝老茶人健康长寿，会上决定创立茶寿节。至 2020 年，茶寿节已成功举办 15 届。

(3)中国普洱茶马古道节

2010 年 10 月 22 至 24 日，首届“中国普洱茶马古道节”在宁洱县隆重举行。

(4)茶艺团巡访东南亚

傣族、哈尼族、拉祜族民族茶艺团巡访东南亚，备受欢迎，使人叫绝。

(5)云南马帮耍进京

2005 年 4 月 28 日，云南省多个茶叶学协会等单位参与组织，由 11 个民族的 46 个马锅头赶着一支由 43 位赶马人、120 匹马和骡子组成的云南大马帮，驮着 6 t 普洱茶，从云南省的思茅出发，途经云南、四川等六省(自治区、直辖市)行程超过 8 000 km，历时 180 个日夜，2005 年 8 月 18 日到达北京八大处公园。

(6)茶马古道零公里碑

2006 年 4 月 9 日，云南省文化厅、云南省交通厅、云南省茶马古道研究会在宁洱县城茶源广场树立了“茶马古道零公里”碑，标志着古普洱府(今宁洱县)作为普洱茶的核心原产地和茶马古道源头的地位得到确立。

2008 年 11 月 18 日，国家主席习近平(时任副主席)曾亲临踏访那柯里茶马古道遗址，对云南各级政府重视文化遗产保护工作给予了高度评价。

(7)百年贡茶回归普洱

2007 年 3 月 19 日，“百年贡茶回归普洱”主题活动在北京正式启动，将珍藏在故宫博物院的百年贡茶——“万寿龙团”贡迎出宫，于 4 月 8 日顺利将贡茶迎回宁洱。

(8)千年普洱携手百年奥运

奥运普洱茶是为迎接北京 2008 年奥运会，经第 29 届奥林匹克运动会组织委员会认证批准，中国网络通信集团公司、第 29 届奥林匹克运动会组织委员会联合发行《奥运普洱茶组合电话卡》。《奥运普洱茶组合电话卡》是百年奥运史上第一次选择普洱茶为载体的奥运收藏品。

(9)承古融今的非物质文化遗产

①普洱茶制作技艺(贡茶制作技艺)：入选第二批国家级非物质文化遗产名

录（2008 年）。

②滇红茶制作技艺：2015 年 1 月 3 日成功入选第四批非物质文化遗产代表性项目名录。

③德昂族酸茶制作技艺：2017 年 6 月 11 日入选云南省第四批省级非物质文化遗产代表性项目名录。

④景迈古茶林申遗：普洱景迈山古茶林申报世界文化遗产工作于 2010 年 6 月启动，2012 年即被世界遗产中心列为世界文化遗产预备清单；同年，“云南普洱古茶园与茶文化系统”被联合国粮农组织公布为全球重要农业遗产（GIAHS）保护试点；2013 年，普洱景迈山古茶园被国务院公布为第七批全国重点文物保护单位；2017 年，景迈山古茶林部分地区被批准为国家森林公园；2021 年，景迈山古茶林文化景观被国务院批准为中国 2022 年正式申报世界文化遗产项目，申遗相关文本已经送交联合国教科文组织。

7.3 古茶树资源保护与可持续利用

在 2019 年 5 月 14 日召开的云南省打造世界一流“绿色食品牌”工作领导小组第 12 次会议上强调“要抓古茶山管理和古茶树保护，立足长远，科学规划建设，鼓励各地根据实际情况休耕停采，对古茶树不过度采摘，让古茶树休养生息，推动云茶产业绿色发展”。如何保护好古茶树，建立可持续利用的机制，针对古茶树，既要考虑其作为古树名木的保护职责；同时又要兼顾其作为关乎民生的经济作物的情况。面对当前的形势，我们认为只有走法治和科学的道路，保护才能更有力度。

7.3.1 将古茶树保护与利用纳入法制与科学的轨道

古茶树资源是人类重要的农艺作物资源，保护与利用好这份大自然的恩赐，让它为人类永续造福。

（1）尽快推动古茶树保护与利用的省级立法

除西双版纳傣族自治州、临沧市和普洱市外，其余各地的古茶树，特别是农用地中的古茶树，处于保护的真空“地带”，一旦毁损，无法可依。据“贵州人大”网报道，2017 年 8 月 3 日贵州省人大常务委员通过了《贵州省古茶树保护条例》，自 2017 年 9 月 1 日起施行。作为世界茶树原产地中心地带的云南，更应加快步伐，在西双版纳傣族自治州、临沧市和普洱市地方性古茶树保护条例立法的基础上，尽快推动古茶树保护的省级立法，使古茶树和古茶山资源的保护与利用有法可依。

（2）科学保护古茶树资源

在法治的利器下，科学才能发挥作用。我们认为科学保护与利用古茶树、古茶山资源应开展以下工作

①尽快制定古茶树相关标准，推进“云南省古茶树古茶山标准体系”建设，以科学认证和管护引领古茶树健康发展。

②建立分类分级的保护与利用体系，确定省、州、市各级管理体系。省级管理的古茶树，由省级统一挂牌管理，科学划分古茶树类别，分级实施权重不同的保护与利用措施。区别化地分类分层级制定古茶树管护、采摘、加工等技术规程。保持古茶树生长的健康和良好的生态环境，实现古茶树资源的可持续利用。

③建设开放的中国古茶树大数据平台，使其成为拥有者、管理者、消费者信息沟通和品质保障的桥梁。

④开展探索古茶树年轮年代研究，在树龄难以确定的情况下，先行制定以树径(基径)等因素为主的分级管理措施。

⑤落实在保护古茶树生态上。保护古茶树生态在政策上应实行最严格法律法规制度，包括建设完善的法律制度，制定严格的环境标准，培养专业的执法队伍，采取行之有效的执法手段，等等。建立健全与现阶段经济社会发展特点和环境保护管理决策相一致的环境法规、政策、标准和技术体系。

7.3.2 古茶树资源的可持续利用

古茶树是茶产业中一类重要的种质资源，是不可再生资源。具有自然科学和社会科学的双重价值。从自然科学的角度而言，古茶树由于自身基因的优越和环境要素的和谐关系，造就了健康生长、长寿生存的现实，蕴藏着优质基因和健康环境要素，是潜在的，值得开发利用。同时古茶树是世界茶树原产地的见证，是研究茶树演化和分类以及开展种质创新的物质基础。从社会科学的角度而言，博大精深的中华茶文化，“根”在哪里？文化创世应与古茶树有直接关系。穿越数千年的中华茶文化，它的载体——茶叶、茶马古道、村庄重镇、山川河流景物，已世代更替、物是人非，只有古茶树最长久地伫立在那儿，记录着沧海桑田变化，民族文化交融。

(1)产业的拓展应用

古茶树多样性为普洱茶产业的发展奠定了坚实的基础，同时也开拓了广阔的空间。古茶树多样性表现为物种的多样性和表型的多样性。物种多样性方面：以张宏达 1998 年调整后的茶组植分类系统的 35 个种，26 个种均分布在云南，占 74%；以云南茶树作为模式标本的 18 个种，占 51%。表明云南是茶树的多样性中心。

古茶树承载的文化使云南民族茶文化成为中华茶文化中独具特色的一脉“根文化”。云南民族茶文化是什么？它是以茶树起源，人类发现使用茶，云南兄弟民族与茶相生相伴形成的一脉初始茶文化。它通过茶马古道与内地连接，通过丝绸之路与世界连接，相互融合，相互促进，升华为博大精深的中国茶文化和世界茶文化，因此，它是中华茶文化的一脉重要“根文化”。

来自茶叶流通协会的数据显示：2017 年和 2018 年，全国茶叶产量分别为 255×10^4 t 和 261.6×10^4 t，其中内销为 190×10^4 t 和 191×10^4 t，外销 35.5×10^4 t 和 36.5×10^4 t，当年存量 29.5×10^4 t 和 34.1×10^4 t。由此可见，中国的茶产量已饱和，云南省的情况也一样。这样的情况下，茶产业的路在何方?

分析云南省茶园面积、产量、产值构成现状，我们不难看出“云茶”产业呈现“三角”格局(图 7.3)。现代茶园是茶产业的基础，面积最大，产量最多，是产值的主体，往绿色方向转化，提高集约化水平，降低成本，走精深加工道路；生态茶园是茶产业的中坚力量，是现代茶园大力发展的绿色方向，面积、产量、产值应逐步扩大，同时，延长茶产业链，将生态文化与茶产业融合；而处在金字塔尖的古茶树(山)，是面积、产量、产值极小部分，单位产值高，但古树单株、古茶山在逐渐减少，发展的方向是保护与可持续利用，把它们作为重要的种质基因库，古茶生态文化的“根”。

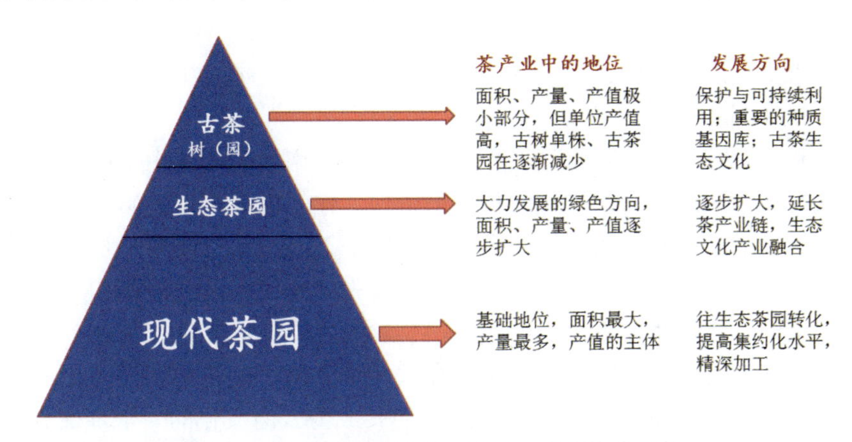

图 7.3 “云茶”产业面积、产量、产值构成现状

要实现“云茶”产业的提质增效，必由之路就是走生态文化之路。在稳固现代茶园基础地位，保“口粮茶”的基础上，打绿色牌，提质增效。而古茶生态文化正是“云茶”产业产值目标的龙头。由此，提出了以古茶生态文化为核心的生态文化倒三角，构建“云茶”的大格局(图 7.4)。因此，如何挖掘构建“云茶”古茶生态文化，即“茶根文化”，使其成为引领“云茶”产业的龙头，为产品附加更多的文化价值，实现产业目标，是茶叶工作者的责任所在，也是古茶树利用的美好前景。

因此，云茶产业技术体系应分成两个子体系来说，一是现代茶产业技术子体系，二是古树茶产业技术子体系。

现代茶产业技术子体系国内外都有很多成功的经验值得借鉴，它是以追求产

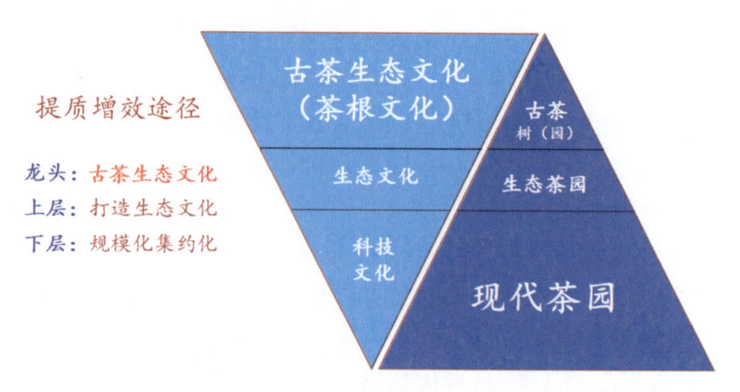

图 7.4 “云茶”产业以古茶生态文化为核心的大格局

品数量为主要目标，通过集约化经营，降低成本，实现规模效益。

古树茶产业技术子系统是云南的特色，区别于其他省份，在世界上唯一的。该子系统形成的古茶生态文化在整个产业体系中有潜在的技术引领和龙头作用。

(2) 文化的追根溯源

中华茶文化博大精深，它是中华文化的重要组成，那么中华茶文化的创世地在哪儿？根在哪儿？

云南是“世界茶树原产地”的文化价值在于云南是世界茶树的自然起源地，同时也是博大精深的中华茶文化的重要创世地。作为世界茶树的自然起源地，还有很多自然科学基础研究的工作要做，作为中华茶文化的重要创世地，从社会科学的角度要研究以茶树起源，云南兄弟民族首先发现使用茶，与茶相生相伴形成的初始茶文化，通过茶马古道与内地连接，丝绸之路与世界连接，相互融合，相互促进，升华为博大精深的中华茶文化和世界茶文化。这样的创世文化，我们称她为“茶根文化”，要深度挖掘系统整理，使其成为云南文化的一个璀璨亮点。

推动茶文化旅游。可以突出地方茶产品、茶膳、茶浴、养生、游学等特色，适当突出城市茶之旅，多开茶馆和茶空间，通过茶馆和茶空间的窗口普及茶文化知识。茶空间是茶文化与茶产业的重要窗口，是茶文化交流的大平台。

参考文献

哀牢山自然保护区综合考察团. 哀牢山自然保护区综合考察报告[M]. 昆明：云南民族出版社，1988.

白木. 少数民族茶文化[J]. 东方食疗与保健，2005(1).

保山市民族宗教事务局. 保山市少数民族志[M]. 昆明：云南民族出版社，2006.

曹元. 本草经[M]. 上海：上海科学技术出版社，1987.

陈椽. 茶业通史[M]. 北京：中国农业出版社，2008.

陈理. 民族历史文化资源与旅游开发[M]. 北京：民族出版社，2007.

陈茜，孔晓莎. 阑沧江-湄公河流域基础资料汇编[M]. 昆明：云南科技出版社，2000.

陈涛林，葛智文. 柳州融水九万山古茶树研究[M]. 长沙：湖南科学技术出版社，2018.

陈兴琰. 茶树原产地：云南[M]. 昆明：云南人民出版社.

陈宗懋. 茶经[M]. 上海：上海文化出版社，1992.

陈宗懋. 中国茶叶大辞典[M]. 北京：中国轻工业出版社，2001：156.

邓晴，曾广权. 云南省澜沧江流域生态环境保护对策研究[J]. 云南环境科学，2004(增刊1).

东旻. 苗族非物质文化遗产研究[D]. 北京：中央民族大学，2007.

段铁军. 茶马古道[M]. 香港：中国现代美术出版社，2009.

段学良. 保山古茶树资源[M]. 昆明：云南科技出版社，2016.

傅红专，王川生. 中国共产党生态文明理念及对党的建设的意义[J]. 四川理工学院学报(社会科学版)，2013，28(5).

高晓涛，陈丹，刘勤晋，等. 茶叶之路[J]. 西藏人文地理，2005，11(6).

顾宏义. 茶录[M]. 上海：上海书店出版社，2015.

关剑平. 茶与中国文化[M]. 北京：人民出版社，2001.

韩金科. 第三届法门寺茶文化国际学术讨论会论文集[A]. 陕西人民出版社，2000.

韩旭. 中国茶叶种植地域的历史变迁研究[D]. 杭州：浙江大学，2013.

韩子荣. 云南山头茶探秘[M]. 深圳：海天出版社，2016.

何云玲，张一平. 澜沧江干流河谷盆地气候特征及变化趋势[J]. 山地学报，2004，22(5).

胡德盛. 茶马史诗感动中国[M]. 昆明：云南科技出版社，2006.
黄炳生. 云南省古茶树资源概况[M]. 昆明：云南美术出版社，2016.
黄奋生. 藏族史略[M]. 北京：民族出版社，1985.
江昌俊. 茶树育种学[M]. 北京：中国农业出版社，2005.
姜若愚，蒋文中. 云南民族文化旅游[M]. 北京：旅游教育出版社，2005.
蒋会兵，梁名志，何青元，等. 西双版纳布朗族古茶园传统知识调查[J]. 西南农业学报，2011，24(2).
蒋文中. 茶马古道研究[M]. 昆明：云南人民出版社，2014.
金珍淑. 关于陆羽《茶经》中饮茶观点的研究[D]. 杭州：浙江大学，2005.
金志凤，王治海，姚益平，等. 浙江省茶叶气候品质等级评价[J]. 生态学杂志，2015(5)
昆明民族茶文化促进会. 民族茶文化 2016[M]. 昆明：云南科技出版社.
李国文，施荣. 彝族𠊎保人民俗[M]. 昆明：云南大学出版社，2004.
李丽娟. 澜沧江水环境质量评价与成因分析[J]. 地理学报，1999，54(6).
李荣高. 云南林业文化碑刻[M]. 芒市：德宏民族出版社，2005.
李盛铧. 古百淮文化特征试探[J]. 文史杂志，2002(1)：24-27.
李师程，张顺高. 云茶大典[M]. 昆明：云南科技出版社，2016.
李师程. 古茶山揽胜[M]. 昆明：云南科技出版社，2005.
李炎，胡洪斌，胡皓明. 中国普洱茶产业发展报告(2019—2020)[M]. 北京：社会科学文献出版社，2020.
李勇，杨振红. 景迈茶山[M]. 昆明：云南民族出版社，2010.
李增耀，吴静波. 竹文化[M]. 昆明：云南民族出版社，2008.
蓝增全. 了不起的云南古茶树[J]. 中国林业，2019(6)：12-17.
蓝增全，陶燕蓝，等. 古茶树与茶马古道的文化关系[J]. 西南林业大学学报，2020，4(4)：67-70.
梁名志，田易萍. 云南茶树品种志[M]. 昆明：云南科技出版社，2012.
梁陶，弘景. 本草经集注辑校本[M]. 北京：人民卫生出版社，1994.
林庆. 民族记忆的背影：云南少数民族非物质文化遗产研究[M]. 昆明：云南大学出版社，2007.
刘本英，李友勇，何青元. 云南茶树遗传资源卷[M]. 昆明：云南科技出版社，2016.
刘晖. 旅游对民族地区的社会文化影响研究[D]. 兰州：兰州大学，2005.
刘静. 陆羽《茶经》的传播与接受[D]. 南昌：华东交通大学，2011.
刘彤. 中国茶[M]. 北京：五洲传播出版社，2005.
刘文洁. 弘扬茶文化构建和谐社会[D]. 长沙：湖南农业大学，2006.
刘旭莹. 云南民族茶文化旅游探究与开发对策[D]. 昆明：云南大学，2003.
陆羽. 茶经[M]. 北京：中国纺织出版社，2006.
禄智明. 贵州古茶树[M]. 北京：中国农业出版社，2018.
罗龙新. 茶园帝国[M]. 武汉：华中科技大学出版社，2020.
罗艳蓓. 试论少数民族社区旅游开发与管理[D]. 昆明：云南大学，2005.

罗伊·莫克塞姆. 茶：嗜好、开拓与帝国[M]. 北京：生活·读书·新知三联书店，2010.
马存非. 茶马古道上的铃声：云南马帮马锅头口述历史[M]. 昆明：云南大学出版社，2007.
马锦卫. 中国少数民族文化概说[M]. 四川：电子科技大学出版社，2005.
马焱霞. 中国古代茶业的发展以及对茶文化作用的探析[D]. 南京：南京师范大学，2008.
马云生. 云南彝族自然观生态文明思想研究[D]. 昆明：云南大学，2015.
闵天禄. 世界山茶属的研究[M]. 昆明：云南科技出版社，2000.
能利娟. 老曼峨布朗族的茶与社会文化研究[D]. 昆明：云南民族大学，2016.
裘红. 平茶经图说[M]. 杭州：浙江摄影出版社，2005.
阮浩耕，沈冬梅，于良子. 中国古代茶叶全书[M]. 杭州：浙江摄影出版社.
沈冬梅，茶与宋代社会生活[J]. 北京：中国社会科学出版社，2006.
盛国华. 国外茶保健材料的研发动向[J]. 中国保健食品，2003(8)：26.
施小亮，刘国栋. 生活在歌声与茶香中的布朗族同胞[N]. 中国民族报，2011-12-01.
宋丽.《茶业通史》的研究[D]. 合肥：安徽农业大学，2009.
谭亚原. 云南茶典：丰富多彩的云南少数民族茶[M]. 北京：中国轻工业出版社，2007.
谭振. 中国茶文化的历史溯源与海外传播[D]. 青岛：青岛理工大学，2014.
唐海行. 澜沧江-湄公河流域资源环境可持续发展[J]. 地理学报，1999，54(增刊).
童启庆. 茶树栽培学[M]. 北京：中国农业出版社，2000.
汪云刚，刘本英. 滇红[M]. 昆明：云南科技出版社，2011.
王恒杰. 迪庆藏族社会史[M]. 北京：中国藏学出版社，1995.
王娟. 中国云南澜沧江自然保护区科学考察研究[M]. 北京：科学出版社，2010.
王敏正. 普洱茶年鉴[M]. 昆明：云南科技出版社，2017
王树五. 布朗山布朗族的原始宗教[J]. 中国社会科学，1981(6).
王惟恒，强刚. 茶文化与保健药茶[M]. 北京：人民军医出版社，2006.
威廉·乌克斯，依佳，刘涛，等. 茶叶全书[M]. 北京：东方出版社，2011.
魏小平. 云南省古茶园树资源[M]. 昆明：云南科技出版社，2017.
邬梦兆. 弘扬中华茶文化 大力发展茶文化事业[J]. 农业考古，2000(2).
吴觉农. 茶经述评[M]. 2版. 北京：中国农业出版社，2005.
吴觉农. 吴觉农选集[M]. 上海：上海科学技术出版社，1987.
郗春嫒. 布朗族传统文化的迷失与重构[J]. 民族论坛，2013(8)：49-53，62.
夏涛. 制茶学[M]. 北京：中国农业出版社，1979.
夏涛. 中华茶史[M]. 合肥：安徽教育出版社，2008.
徐崇温. 中国道路走向社会主义生态文明新时代[J]. 毛泽东邓小平理论研究，2016(5)
徐富忠. 中国临沧茶文化[M]. 昆明：云南科技出版社，2007.
徐艳文. 布朗族和傣族的饮茶习俗[J]. 贵州茶叶，2014，42(3)：50-51.
雅安市人民政府，四川省文物管理局. 边茶藏马：茶马古道文化遗产保护(雅安)研讨会论文集[A]. 北京：文物出版社，2012.
雅楠. 藏边石砚：跨文明视野中的知识与物[D]. 北京：中央民族大学，2014.
杨娟. 古代普洱茶的发展历程剖析[D]. 昆明：云南师范大学，2008.

杨持. 生态学[M]. 北京：高等教育出版社，2008.
杨世达，何声灿. 德宏茶源[M]. 昆明：云南科技出版社，2018.
杨泽挥. 云南茶典[M]. 北京：中国轻工业出版社，2007.
叶羽晴川. 普洱茶寻源[M]. 北京：中国轻工业出版社，2005.
余言，任可. 中国少数民族医药保健[M]. 北京：五洲传播出版社，2006.
余有勇. 茶与景迈傣族社会文化变迁研究[D]. 昆明：云南大学，2014.
虞富莲. 中国古茶树[M]. 昆明：云南出版集团有限责任公司，2016.
云南省编辑组，《中国少数民族社会历史调查资料丛刊》修订编辑委员会. 大理州彝族社会历史调查[M]. 北京：民族出版社，2009.
云南省首届普洱茶国际研讨会论文集[A]. 2004.
詹英佩. 茶出银生城界诸山：无量山[M]. 昆明：云南科技出版社，2017.
詹英佩. 茶祖居住的地方：云南双江[M]. 昆明：云南科技出版社，2011.
詹英佩. 普洱茶原产地西双版纳[M]. 昆明：云南科技出版社，2010.
詹英佩. 中国普洱茶古六大茶山[M]. 昆明：云南美术出版社，2008.
张海珍，薛敬梅. 从布朗族祭祀茶祖看盟誓文化的民族性：以普洱市澜沧县惠民乡芒景村为例[J]. 西部学刊，2013(10)
张婧. 藏族文化创意产业研究[D]. 北京：中央民族大学，2013.
张顺高，梁凤铭. 茶海之梦：足痕心迹[M]. 昆明：云南科技出版社，2007.
张顺高，梁凤铭. 云南茶叶系统生态学[M]. 昆明：云南科技出版社，2015.
张顺高，苏芳华. 中国普洱茶百科全书[M]. 昆明：云南科技出版社，2011.
张顺高，朱强. 红土高原铺绿金：云茶60年巡礼[M]. 昆明：云南教育出版社，2009
张跃. 澜沧江流域普洱茶分布示意图[M]. 昆明：云南美术出版社，2015.
张忠良，毛先颉. 中国世界茶文化[M]. 北京：时事出版社，2006.
赵国栋. 茶叶与西藏[M]. 拉萨：西藏人民出版社，2015.
赵澘恋. 中国少数民族茶文化研究[D]. 北京：中央民族大学，2010.
赵伊强，李世章. 茶出无量[M]. 昆明：云南科技出版社，2015.
赵瑛. 布朗族传统文化的多样性[N]. 民族论坛中国民族报，2003-10-14.
浙江农业大学. 茶树栽培学[M]. 北京：农业出版社，1988
郑立学. 光影普洱[M]. 昆明：云南科技出版社，2017.
郑立学. 自然普洱[M]. 昆明：云南科技出版社，2017.
周红杰. 民族茶文化2017[M]. 昆明：云南科技出版社.
周红杰. 民族茶文化2018[M]. 昆明：云南科技出版社.
周红杰，李亚莉. 民族茶艺学[M]. 北京：中国农业出版社，2017.
周明甫，金星华. 中国少数民族文化简论[M]. 北京：民族出版社，2006.
庄晚芳. 中国茶史散论[M]. 北京：科学出版社，1989.
邹烽著. 旅游对少数民族传统道德的影响研究：以湘西苗族村寨为例[D]. 湖南：湖南师范大学，2008.

结　语

中华民族茶文化如同枝繁叶茂的参天大树，它的根深植于澜沧江流域这片热土里。澜沧江沿岸各兄弟民族茶事、茶礼、茶俗异彩纷呈，又相对集中体现在普洱茶上，滋养着中华民族茶文化。中华民族茶文化永恒的灵魂是“和”，所蕴的天人合一、奋发向上、仁爱包容等内涵是中华民族的精神基因组，是中华民族精神文明的源头。

文明是人类创造的一种文化特质，当文化在质的方面有较高文化元素和特征时，这种文化便是文明。文明的起源与传播与人类的生存环境有直接关系，大多发源于江河湖畔和沿海地区。四大文明古国的最早发端都如此：如中国的黄河、长江，古印度的恒河，古埃及的尼罗河，古巴比伦的底格里斯河、幼发拉底河。

长江流域、黄河流域孕育了中原华夏原始农耕文明，与澜沧江流域共同孕育了茶文明。“三江源”是中华水塔，还是生命之源、文明之源。三大江共同孕育了华夏文明，催生了中华民族生态文明。翻开中华文明的版图，我们可以看到如下的画面：

在这个版图上，与中华三条伟大河流密切相关的文明，从远古走来的是长江、黄河孕育的中原文明，还有相伴人类的茶文明。随着现代生态文明的建设，我们看到了“三江并流”世界自然遗产的形成，以及最近首个国家公园体制试点的“三江源国家公园”建设，这是生态文明时代的里程碑。

“文明”一词的内涵近几百年一直在演化中，集中表达了人类的自豪和成就感，表达了人类必将冲破一切障碍到达光明的彼岸。“文明”指人类在漫长的历史长河中能够达到的最高成就。

对茶而言，我们提出“澜沧江孕育茶文明”，就是想要总结华夏儿女对人类做出的贡献，让我们点亮澜沧江茶文明之光。